颗粒材料多尺度离散元模拟方法

赵婷婷 著

The Multi-level Computational Methodologies for Discrete Element Modelling of Granular Materials

 化学工业出版社

·北京·

内容简介

本书共6章，在传统离散元方法基础上，提出了多尺度离散元模拟方法，针对微观尺度的颗粒单元接触问题，提出了可以定量考虑颗粒表面粗糙度的随机法向接触模型；针对细观尺度的颗粒集合特性表征问题，建立了基于主成分分析方法的颗粒集合评价方法；针对宏观尺度的大规模计算问题，发展了基于精确缩尺的粗粒化离散元方法，从不同尺度对现有离散元方法做出了改进。

本书可供力学、土木、水利和地质灾害等领域的科研人员参考，也可供高等学校相应专业师生参阅。

图书在版编目（CIP）数据

颗粒材料多尺度离散元模拟方法/赵婷婷著．—北京：化学工业出版社，2022.9（2023.8重印）

ISBN 978-7-122-41918-7

Ⅰ.①颗… Ⅱ.①赵… Ⅲ.①颗粒-材料-离散模拟-模拟方法-研究 Ⅳ.①O242.1

中国版本图书馆CIP数据核字（2022）第137884号

责任编辑：刘 婧 刘兴春　　装帧设计：史利平
责任校对：杜杏然

出版发行：化学工业出版社（北京市东城区青年湖南街13号 邮政编码100011）
印 装：北京科印技术咨询服务有限公司数码印刷分部
710mm×1000mm 1/16 印张10¾ 彩插8 字数175千字 2023年8月北京第1版第2次印刷

购书咨询：010-64518888 售后服务：010-64518899
网 址：http://www.cip.com.cn
凡购买本书，如有缺损质量问题，本社销售中心负责调换。

定 价：86.00元

前言

颗粒材料作为典型的离散介质，广泛存在于自然界并应用于实际工程中，在民用和国防工业中具有极其重要的工程应用价值。颗粒材料性质复杂，在不同的外界环境下会表现出类似固体、液体和气体的性质，使得充分研究颗粒材料的动力学性质变成一个极具挑战性的问题。颗粒系统可以被看作复杂的多尺度体系，目前以物理实验及连续介质力学方法为主的研究主要关注颗粒材料的宏观性能，基于非连续介质力学的离散元方法无需复杂的本构模型，能从细观尺度上再现颗粒材料的宏观力学响应，为研究颗粒材料的动态力学性能提供了一条新的途径。随着离散元方法的发展，目前关于颗粒单元形状、接触模型以及颗粒破碎模拟等方面的研究都取得了一定进展，但在颗粒表面粗糙度模拟、颗粒集合细观特性表征和大规模颗粒系统模拟计算等方面仍存在较大问题。

本书在传统离散元方法基础上，提出了多尺度离散元模拟方法，从不同尺度对现有离散元方法做出了改进。

针对微观尺度的颗粒单元接触问题，提出了可以定量考虑颗粒表面粗糙度的随机法向接触模型；对经典 GW 模型进行了扩展，推导出了在极限光滑情况下模型的局限性；提出了适用于离散元模拟的改进弹性 E-GW 模型；通过进行单轴和三轴压缩试验，研究了表面粗糙度对颗粒系统宏观行为的影响；提出了改进的弹塑性 EP-GW 模型，改进的切向接触模型。

针对细观尺度的颗粒集合特性表征问题，建立了基于主成分分析方法的颗粒集合评价方法；建立了二维和三维情况下颗粒集合和对应数值图像矩阵的转化方法；分析了特殊颗粒集合的主方差及主模态特征；对采用不同特征参数生成的颗粒集合采用主成分分析方法进行研究，探究了数值矩阵主方差与颗粒集合特征量之间的关系；通过数值图像矩阵的主方差和不相似系数揭示了不同颗粒集合之间的差异；定量研究了颗粒集合排布随机性、堆积密度、粒径分布、均匀性及各向异性对评价指标的影响。

针对宏观尺度的大规模计算问题，发展了基于精确缩尺的粗粒化离散元方法，采用量纲分析的方法，得到了颗粒系统各物理量在原始系统及精确缩尺系统之间的缩放关系，为离散元接触模型中接触参数的处理提供了理论依据；采用多尺度描述方法，建立了粗粒化系统与原始系统的代表性单元（RVE），根据不同系统 RVE 单元之间质量守恒、动量守恒以及能量守恒关系，得到粗粒化系统与原始系统之间宏观和细观两种不同尺度的缩放关系。

限于撰写时间及著者水平，书中不妥及疏漏之处在所难免，敬请读者批评指正。

著者

2022 年 5 月

目录

第1章

概　述

1.1 颗粒材料

颗粒材料在自然界、工程应用和日常生活中广泛存在，从微观尺度的灰尘到宏观尺度的星体运动，都可以看作颗粒之间的相互作用。在过去几千年中，人们的生活与颗粒材料息息相关，如利用颗粒材料度量时间、建设房屋、解决饮食问题。然而我们对颗粒材料的认识并不深入，由于颗粒材料性质复杂，在不同的外界环境下会表现出类似固体、液体和气体的性质，使得充分研究颗粒材料的动力学性质变成一个极具挑战性的问题。

不同科学和工程领域的研究者，包括应用数学、凝聚态物理、地质工程、农业工程、化学工程和土木工程等，已经对颗粒材料从不同角度展开了研究[1]。在很长一段时间里，人们通常从宏观尺度采用连续介质力学方法对颗粒材料进行分析，认为颗粒材料满足连续性、均匀性和各向同性的基本假设[2]。然而颗粒材料由固体颗粒和周围的空隙组成，明显具有不连续、非均质和各向异性的特点，这就使得很难从连续力学的角度提出一个适用于颗粒材料的本构关系。现有的关于颗粒材料的本构关系包括摩尔库仑理论[3]、临界状态理论[4] 以及弹塑性理论[5]等，这些模型可以较好地反映颗粒材料在准静态情况下的应力发展，但是对颗粒流动过程的预测能力较弱。此外，颗粒材料表现出的一些特有现象，如颗粒堵塞[6]、挤压膨胀[7]、力链结构[8] 等也很难用连续介质理论进行解释。采用连续介质理论研究颗粒材料的缺陷在于无法直接考虑颗粒集合内部的细观结构，为了解决这一问题，人们提出了可以显式模拟颗粒排布特性的非连续方法。Feda[9] 将这两种方法总结为唯象方法（连续方法）和结构方法（细观力学方法），采用结构方法可以深入研究问题背后的物理机制。

物理学中对多体问题的研究可以看作最早的从细观层面对颗粒之间相互作用的研究[10]，多体问题起源于对太阳系中相互之间存在牛顿万有引力的天体运动进行研究，当系统中的研究对象超过三个时，就没有封闭的理论解对单个的运动物体进行描述。近些年来，越来越多的研究者采用实验方法和数值方法对颗粒材料的物理力学特性进行研究。随着实验手段的发展，可以测量得到更多的颗粒集合内部结构信息，常见的实验方法包括光弹实验[11]、扫描电镜[12]、X 射线以及数字图像相关技术[13]。同时，随着计算机科学的发展，使颗粒系统的大规模计算成为了可能，发展出了一系列粒子类数值方法，直接对单个颗粒的运动进行模拟。这些数值方法包括光滑粒子流法[14]（SPH，针对天体运动和流体计算）、蒙特卡洛法、格子玻尔兹曼法[15]（LBM，针对流体运动）、分子动力学[16]（MD，针对分子及纳米粒子计算）以及离散元法。

1.2 离散元法

自20世纪70年代由美国的Cundall博士[17]提出以来，离散元法已经发展成为科学和工程领域被广泛采纳的针对颗粒材料的数值计算方法。在最初球形颗粒单元计算程序BALL的基础上，离散元方法的发展经历了以下几个重要改进，包括颗粒之间的滞回接触模型[18]、非球体颗粒单元[19]、与流体方法的耦合[20]、颗粒连接模型[21]以及高性能并行计算软件的开发[22]。

离散元的基本计算流程包括以下几个基本步骤：

① 颗粒单元的几何描述；

② 进行接触检索并计算接触颗粒单元之间的接触力；

③ 求解动态平衡方程并进一步更新颗粒单元的加速度、速度以及位置。

该计算框架使得离散元计算耗时较长，限制了模拟的时间和颗粒数量。随着计算机硬件水平和搜索算法计算效率的提高，目前已经可以在单核计算机上完成对百万颗粒量级问题的模拟。目前离散元方法已经被广泛应用于不同工程领域颗粒问题的计算模拟当中，包括农业食品工程[23]、化学工程[24]、土木工程[25]、采矿工程[26]、制药工程[27]等。也已经发展出了一系列离散元计算程序，包括开源软件YADE、LIGGGHTS、EsysParticles，以及商用软件PFC、EDEM和ELFEN。

尽管近年来离散元法得到了迅速的发展和广泛的应用，但它仍然不是一种完全成熟的数值计算方法，需要从不同方面进一步改进，包括：

① 对接触模型参数与颗粒集合宏观现象之间的关系进行研究；

② 发展能够真实模拟颗粒相互作用行为的接触模型；

③ 提高算法可以模拟的颗粒数量；

④ 开发更加稳定和高效的算法；

⑤ 改进颗粒和流体作用力的计算模型；

⑥ 发展解释颗粒微观结构和宏观响应之间关系的理论。

1.3 本书主要内容

考虑到颗粒材料的广泛应用和复杂性质以及现有离散元法的不足，本书将从以下 3 个方面介绍对现有离散元法的改进。

（1）定量考虑颗粒表面粗糙度的接触模型

自然界中的问题往往存在随机性，在工程系统中涉及的不确定性包括载荷、材料的物理特性及几何特性等，例如在大多数土木工程应用中，材料（土、岩石、混凝土）以及载荷（风载荷、地震载荷、潮汐作用）的内在随机性是研究中不可忽略的因素。因此，工程中应用的数据和物理力学模型也应该具有考虑不确定性因素的能力。然而在经典的物理力学模型当中往往采用确定性理论，认为在确定性分析中获得的结论可以代表系统可能遇到的所有场景，但实际上，确定性方法只给出了系统损伤演化过程的粗略估计。近些年来，研究者逐渐认识到了这一问题，随机或概率力学方法得到了迅速的发展，可以用来解决材料力学性能的随机性和空间变异性。

颗粒系统之中也蕴含着不可忽略的随机特性，这些特性可能对系统的宏观性能起着至关重要的作用，但目前还很少有研究关注这一问题。因此，本书介绍的第一部分内容就是研究颗粒表面随机粗糙度对颗粒之间相互作用的影响。基于经典的 GW（Greenwood-Williamson）模型，在离散元法中建立了可以定量考虑颗粒表面粗糙度的接触模型，这一工作可以看作在微观尺度上对现有离散元法的改进。

（2）颗粒集合特性的表征方法

颗粒集合的排布特征对颗粒系统的宏观力学性质起着重要作用，因此对颗粒系统的细观几何结构进行空间统计分析具有重要的科学和工程意义。由于颗粒系统的拓扑结构非常复杂，很难通过常规实验观察到颗粒之间的相互排列方式。目前，对颗粒排布特性的评价指标主要包括堆积密度、颗粒接触法向和拓扑结构分析等几何方面，这些传统的分析方法有着各自的局限性。

考虑到目前尚缺乏一种全面通用的定量表征方法对颗粒集合的空间排布特征进行评价，本书介绍的第二部分内容是一种基于主成分分析（PCA）的颗粒集合空间特性表征方法，利用颗粒数值化矩阵的主方差定量评价了二维和三维颗粒集合的特性。

（3）大规模问题的多尺度模拟

真实系统的颗粒数量一般为万亿级别，现阶段离散元模拟工作的颗粒数量通常为百万至千万的水平，虽然目前已知单卡 GPU 已经可以模拟 1 亿规模的颗粒数量，工程尺度应用中面临的超高计算量问题还无法通过现有 GPU 技术有效解决，这是离散元法在工业应用中需要解决的关键问题，需要依靠多尺度方法进行解决。

本书介绍的第三部分内容是解决大规模颗粒系统模拟问题的粗粒化方法，在精确缩尺模型的基础上，通过多尺度方法，建立粗粒化系统和原始系统之间的缩放关系，得到离散元接触模型中相关参数的缩放定律，并通过离散元算例进行验证。

参考文献

[1] HJ Herrmann，Stefan Luding. Modeling granular media on the computer. Continuum Mechanics and Thermodynamics，1998，10（4）：189-231.

[2] Lawrence E Malvern. Introduction to the Mechanics of a Continuous Medium. Upper Saddle River：Prentice Hall，1969.

[3] Y Kishino. Disc model analysis of granular media. Studies in Applied Mechanics，1988，20：143-152.

[4] K H Roscoe，ANn Schofield，CP Wroth. On the yielding of soils. Geotechnique，1958，8（1）：22-53.

[5] Ronald Midgley Nedderman. Statics and kinematics of granular materials. Cambridge：Cambridge University Press，2005.

[6] Gianfranco D' Anna，Gerard Grémaud. The jamming route to the glass state in weakly perturbed granular media. Nature，2001，413（6854）：407.

[7] James B Knight，Christopher G Fandrich，Chun Ning Lau，Heinrich M Jaeger，Sidney R Nagel. Density relaxation in a vibrated granular material. Physical Review E，51（5）：3957，1995.

[8] Farhang Radjai，Stéphane Roux，Jean Jacques Moreau. Contact forces in a granular packing. Chaos：An Interdisciplinary Journal of Nonlinear Science，1999，9（3）：544-550.

[9] Jaroslav Feda. Mechanics of particulate materials：The principles. 1982.

[10] Dennis C Rapaport. The art of molecular dynamics simulation. Cambridge: Cambridge University Press, 2004.

[11] A Drescher, G De Josselin De Jong. Photoelastic verification of a mechanical model for the flow of a granular material. Journal of the Mechanics and Physics of Solids, 1972, 20 (5): 337-340.

[12] ZX Yang, XS Li, J Yang. Quantifying and modelling fabric anisotropy of granular soils. Géotechnique, 2008, 58 (4): 237-248.

[13] Sara Abedi, Amy L Rechenmacher, Andrés D Orlando. Vortex formation and dissolution in sheared sands. Granular Matter, 2012, 14 (6): 695-705.

[14] Joseph J Monaghan. An introduction to sph. Computer Physics Communications, 1988, 48 (1): 89-96.

[15] YT Feng, K Han, DRJ Owen. Coupled lattice boltzmann method and discrete element modelling of particle transport in turbulent fluid flows: Computational Issues. International Journal for Numerical Methods in Engineering, 2007, 72 (9): 1111-1134.

[16] BJ Alder, TEf Wainwright. Phase transition for a hard sphere system. The Journal of Chemical Physics, 1957, 27 (5): 1208-1209.

[17] Peter A Cundall, Otto DL Strack. A discrete numerical model for granular assemblies. Geotechnique, 1979, 29 (1): 47-65.

[18] Otis R Walton, Robert L Braun. Viscosity, granular-temperature, and stress calculations for shearing assemblies of inelastic, frictional disks. Journal of Rheology, 1986, 30 (5): 949-980.

[19] Xiaoshan Lin, T-T Ng. A three-dimensional discrete element model using arrays of ellipsoids. Geotechnique, 1997, 47 (2): 319-329.

[20] Yutaka Tsuji, Toshihiro Kawaguchi, Toshitsugu Tanaka. Discrete particle simulation of two-dimensional fluidized bed. Powder Technology, 1993, 77 (1): 79-87.

[21] David O Potyondy, PA Cundall. A bonded-particle model for rock. International Journal of Rock Mechanics and Mining Sciences, 2004, 41 (8): 1329-1364.

[22] Jan Kozicki, Frederic V Donze. A new open-source software developed for numerical simulations using discrete modeling methods. Computer Methods in Applied Mechanics and Engineering, 2008, 197 (49-50): 4429-4443.

[23] Engelbert Tijskens, Herman Ramon, Josse De Baerdemaeker. Discrete element modelling for process simulation in agriculture. Journal of Sound and Vibration, 2003, 266 (3): 493-514.

[24] T Kawaguchi, T Tanaka, Y Tsuji. Numerical simulation of two-dimensional fluidized beds using the discrete element method (comparison between the two-and three-dimensional models) . Powder Technology, 1998, 96 (2): 129-138.

[25] Wei Zhou, Jiaying Liu, Gang Ma, Xiaolin Chang. Three-dimensional dem investigation of critical state and dilatancy behaviors of granular materials. Acta Geotechnica, 2017, 12 (3): 527-540.

[26] LUC Scholtès, Frédéric-Victor Donzé. Modelling progressive failure in fractured rock masses using a 3d discrete element method. International Journal of Rock Mechanics and Mining Sciences, 2012, 52: 18-30.
[27] William R Ketterhagen, Mary T am Ende, Bruno C Hancock. Process modeling in the pharmaceutical industry using the discrete element method. Journal of Pharmaceutical Sciences, 2009, 98 (2): 442-470.

第2章

离散元法的基本理论

2.1 单元形状

为了满足大规模计算的要求，离散元方法将实际颗粒单元的形状进行适当简化，用解析方法对单元轮廓进行描述。同时颗粒单元被视为刚体，在运动控制方程中仅需考虑刚体质点质心的平动和转动。因此，在二维情况下颗粒单元具有三个自由度，在三维情况下颗粒单元具有六个自由度。颗粒单元本身不发生变形，但允许颗粒之间在接触时发生重叠，单元之间的接触力与重叠面积或体积有关，简化描述单元形状也可以为单元之间重叠量的计算带来方便。在对颗粒单元形状进行选择时，需要兼顾描述准确性与计算效率之间的平衡关系。

2.1.1 圆盘及球体单元

圆盘和球体是离散元法中最简单和常见的单元类型，选用这类单元的优势在于很容易判断两颗粒之间是否发生重叠以及进一步准确确定重叠量的大小。在离散元方法中，接触检索是对计算消耗最大的环节，选择圆盘或球体单元可以极大提高模拟颗粒运动过程的计算效率。

两颗粒 a 和 b 之间的接触重叠量可以表示为：

$$\delta_n = R_a + R_b - \sqrt{(x_a - x_b)^2 + (y_a - y_b)^2} \qquad \text{(2D)}$$

$$\delta_n = R_a + R_b - \sqrt{(x_a - x_b)^2 + (y_a - y_b)^2 + (z_a - z_b)^2} \qquad \text{(3D)} \qquad (2.1)$$

式中，R_a 和 R_b 为两颗粒半径，其质心坐标为（x_a，y_a，z_a）及（x_b，y_b，z_b）。重叠量以两颗粒互相挤压时为正。两颗粒单元接触点的位置为接触重叠区域的中点，其坐标为：

$$x_i^c = x_i^a + \left(R_a - \frac{\delta_n}{2}\right) n_i^c \qquad (2.2)$$

$$n_i^c = \frac{x_i^b - x_i^a}{|x_i^b - x_i^a|} \qquad (2.3)$$

式中 x_i^c——接触点坐标；

x_i^a，x_i^b——颗粒质心坐标；

n_i——接触法向，与颗粒 a 及颗粒 b 之间的相对位置有关。

采用圆盘或球体单元也会给计算颗粒质量及转动惯量带来很大方便，但其与真实颗粒材料几何形状的差异会影响对颗粒集合剪切强度、剪胀性以及孔隙率分布的模拟[1]。

2.1.2 椭圆及椭球体单元

采用圆盘或者球体单元时，连接它们质心的向量与接触法向始终共线，法向接触力始终通过圆心使得相应的转动力矩恒为零，这就会导致颗粒单元出现过度旋转。采用椭圆或椭球体单元可以有效缓解这一缺陷，椭圆或椭球体单元接触的枝向量不再与接触法向共线，法向接触力会产生限制单元转动的作用。二维椭圆单元最早由 Rothenburg、Bathurst[2] 及 Ting[3] 提出，Ng 等[4, 5] 对这一单元模型做出了进一步的完善。

2.1.3 超二次曲面单元

圆盘、球体、椭圆或椭球体可以统一归类为超二次曲线或曲面，其一般形式可以定义为：

$$\begin{aligned}&\left(\frac{x}{r_{\mathrm{a}}}\right)^{n}+\left(\frac{y}{r_{\mathrm{b}}}\right)^{n}=1 \qquad (2\mathrm{D})\\&\left[\left(\frac{x}{r_{\mathrm{a}}}\right)^{\frac{2}{n}}+\left(\frac{y}{r_{\mathrm{b}}}\right)^{\frac{2}{n}}\right]^{\frac{n}{m}}+\left(\frac{z}{r_{\mathrm{c}}}\right)^{\frac{2}{m}}=1 \qquad (3\mathrm{D})\end{aligned} \tag{2.4}$$

式中 $2r_{\mathrm{a}}$，$2r_{\mathrm{b}}$，$2r_{\mathrm{c}}$——主轴长度；

m，n——指数。

颗粒轮廓的垂直度由指数 m 及 n 控制，图 2-1 显示了不同指数取值对应的颗粒形状。

假设两个超二次曲面单元 P_1 与 P_2 分别由方程 f_{P_1} 和 f_{P_2} 描述，两颗粒单元之间的重叠量可以由拉格朗日乘子法进行计算。通过 Newton-Raphson[6] 迭代可以求出 $f_{P_2}+\Lambda f_{P_1}$ 的极小值，进而确定出单元 P_1 上与单元 P_2 距离最近时点的位置坐标($x_{P_{1,2}}$,$y_{P_{1,2}}$,$z_{P_{1,2}}$)。当 $f_{P_2}(x_{P_{1,2}},y_{P_{1,2}},z_{P_{1,2}})<0$ 时，则两颗粒单元之间存在正重叠量，需要计算相应的接触力。此外，也可以将颗粒单元 P_1 的表面离散为点的集合，遍历各点是否与邻近曲面单元发生接触。随着几何非线性的增加，这种方法的计算成本也会显著增加。

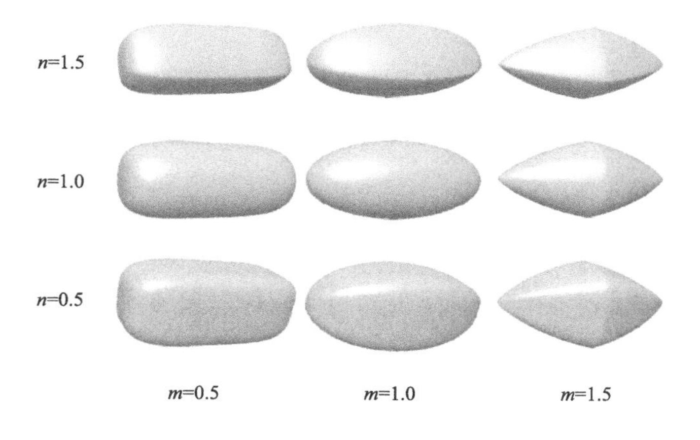

图 2-1　超二次曲面单元

2.1.4　多面体单元

多面体的几何形状由顶点坐标、边的连接关系以及颗粒单元的方位共同确定，描述多面体单元的数据量与定点数量成正比关系[7]。在计算过程中，单元的质心坐标和方向坐标将随着动态平衡方程不断更新。

不同于中心对称的球形单元，确定多面体单元的方向对于单元的转动描述和接触检索都十分重要。在三维空间中，多面体的空间旋转可以用欧拉角(α，β，φ)来描述，如图 2-2 所示，其中 α 为绕 z 轴转动的角度，β 为绕更新后坐标 x 轴转动的角度，φ 为绕更新后坐标 z 轴转动的角度。因此，以质心为坐标原点的整体坐标系和局部坐标系之间的转换矩阵 $\boldsymbol{A}$ 可以表示为：

$$\boldsymbol{A}=\begin{bmatrix}\cos\alpha\cos\varphi-\sin\alpha\cos\beta\sin\varphi & \sin\alpha\cos\varphi+\cos\alpha\cos\beta\sin\varphi & \sin\beta\sin\varphi \\ -\cos\alpha\sin\varphi-\sin\alpha\cos\beta\cos\varphi & -\sin\alpha\sin\varphi+\cos\alpha\cos\beta\cos\varphi & \sin\beta\cos\varphi \\ \sin\alpha\sin\beta & -\cos\alpha\sin\beta & \cos\beta\end{bmatrix} \tag{2.5}$$

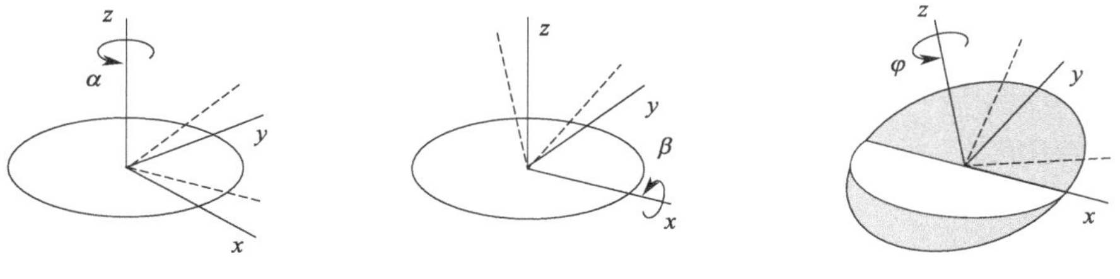

图 2-2　欧拉角的定义

2.2 接触检索

在用离散元法计算两颗粒单元之间的接触力之前，首先要进行单元接触检索，确定当前时步产生接触的颗粒单元列表，即判断每一个颗粒单元是否与邻近的颗粒单元产生接触。在下一个计算流程中，就会对每一个产生接触的颗粒对进行接触力的计算。由于接触检索过程中颗粒单元数量大，颗粒单元形状多，计算时步短，使得这一过程对算力的消耗巨大，通常会占用整个离散元模拟过程 80%～90%的计算时长[8]。

最直接的接触检索方法是在每一个时步遍历所有颗粒单元，根据它们的单元几何形状判断是否与系统中的其他单元产生接触，这种方法无疑对计算资源的需求巨大，与颗粒数量的平方成正比。当颗粒系统的颗粒数量很大时，这种直接方法对算力的需求是现阶段计算机硬件水平无法提供的。所以需要从算法层面进行高效设计，提高整个接触检索过程的计算效率。为了实现这一目的，通常将接触检索过程分为两个步骤，首先进行全局接触检索，快速找出有可能产生接触的颗粒单元对，接着进行局部接触判断，准确计算两接触单元之间的重叠量。

2.2.1 全局接触检索

在全局接触检索阶段，每个颗粒单元会被设置在一个包围盒当中，通过判断两包围盒是否发生接触来确定两颗粒单元是否发生接触。由于包围盒通常采用简单的几何形状（图 2-3），对包围盒之间是否相互重叠进行判断的计算效率要远远高于直接对颗粒单元的实际形状进行判断。

全局检索算法可以分为树搜索（tree based search）与网格搜索（cell based search）两类。其中树搜索算法对内存的需求是 $O(N_p)$，算法复杂度为 $O[N_P \lg(N_P)]$。网格搜索是一种更为高效的全局搜索算法，其对内存的需求及算法复杂度都为 $O(N_p)$。网格搜索算法可以进一步分为静态算法和 NBS 算法。

（1）静态算法

计算区域被划分为矩形网格，根据每一个颗粒单元的中心坐标投放于不同的网格当中，网格的尺寸大于颗粒单元的最大尺寸。在搜索过程中，首先判断被投

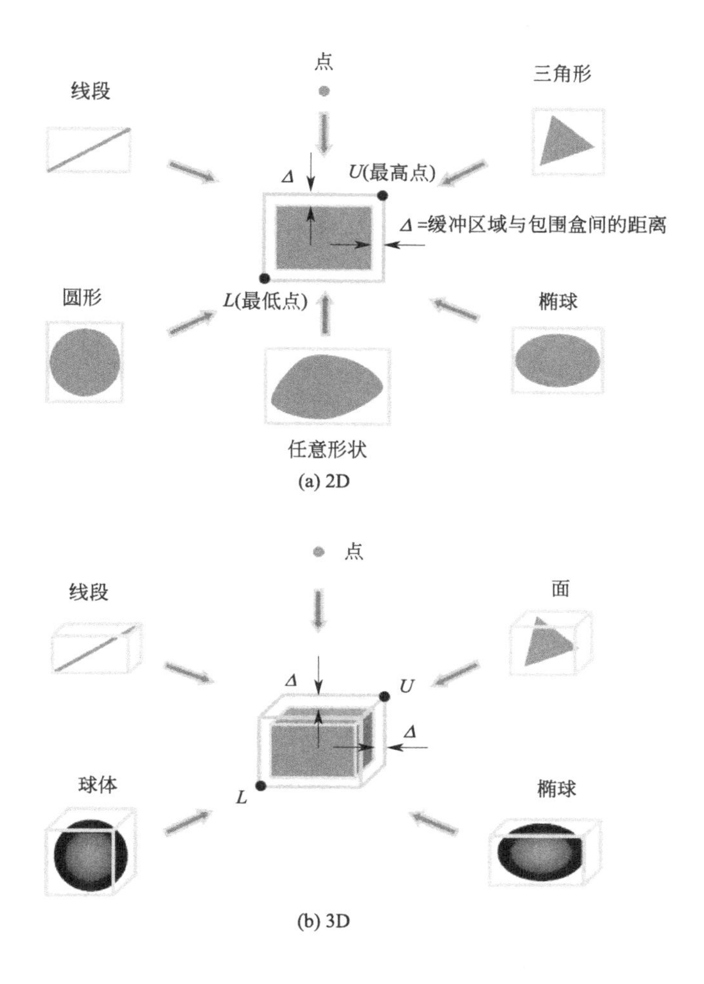

图 2-3 不同单元类型的包围盒

放在同一网格内的颗粒单元之间是否有接触，再判断相邻网格内的颗粒单元是否有接触。静态算法对于求解区域较小且颗粒排布比较密集的问题是十分有效的，计算复杂度与网格的数量成正比。但是对于颗粒排列疏松，有大片空白区域存在处理效率不高的问题。

（2）NBS 算法

投放过程与静态算法一致，投放过程完成以后创建同一行颗粒单元的链表，判断相邻两行内颗粒单元的接触关系。在整个检索过程中动态创建颗粒单元列表，避免了对于整个求解区域内网格接触关系的判断。NBS 算法对处理大规模问题十分有效，并且不受颗粒集合内空白区域的影响，但在处理复杂形状单元时的效率不高。

2.2.2 局部接触判断

当两颗粒单元的包围盒产生接触时，就需要进一步判断两颗粒单元实际重叠量的大小。对于多面体单元，目前的检索方法主要有直接法、修圆法、形状函数法、公共面法和侵入边法。直接法简单直观，通过块体几何元素之间的关系直接进行判断，但计算工作量大。公共面法利用假设的无厚度面来确定块体的接触关系，但是需要不断地搜索迭代确定公共面的位置，如果初始摄动角选取合适，可以极大地提高接触检索的效率，是一个数值优化问题，其计算工作量不确定。侵入边法基于 2 个块体接触时会有公共部分的基本思想，将凸多面体的接触归纳为 7 种容易识别的接触形式，以充分反映块体局部几何形状的特征，弥补公共面法的不足。

2.3 接触模型

接触检索步骤中确定了两颗粒单元之间的法向及切向重叠量，接下来就需要将重叠量带入适合的接触模型当中确定两接触颗粒单元之间的实际接触力。在每一个时步的离散元计算中都需要对接触单元执行接触力计算，所以要求接触模型的形式尽量简单。

2.3.1 法向接触模型

（1）线弹性接触模型

线弹性接触模型是离散元法中最简单的接触模型，法向接触力由如下公式进行计算：

$$F_n = K_n \delta_n \tag{2.6}$$

式中 K_n——法向接触刚度；

δ_n——两颗粒单元之间的接触重叠量，接触力的方向与两接触颗粒中心之间的连线方向相同。

模型中的刚度系数不能直接由颗粒材料的物理性质推导得到，需要通过不断调整数值使得颗粒集合表现出的宏观力学性质与实验测得的数据相同来确定。

（2）赫兹接触模型

赫兹接触模型可以克服线弹性模型缺乏物理本质支撑的缺点，法向接触力与接触重叠量之间存在非线性关系：

$$F_n=\left[\frac{2G\sqrt{2R}}{3(1-\nu)}\right]\delta_n^{\frac{3}{2}} \tag{2.7}$$

式中 G——颗粒材料的剪切弹性模量；

ν——泊松比；

R——颗粒半径。

（3）Walton-Braun 线性接触模型[9]

该模型通过设置不同的加卸载路径考虑颗粒碰撞过程中的能量耗散，第一次加载过程中的法向接触力为：

$$F_n=K_{1,n}\delta_n \tag{2.8}$$

卸载及再次加载过程中的法向接触力为：

$$F_n=K_{2,n}(\delta_n-\delta_{n,p}) \tag{2.9}$$

$$\delta_{n,p}=F_{n,max}/K_{2,n}$$

式中 $\delta_{n,p}$——塑性变形，与法向接触力的最大值有关。

卸载过程的刚度系数比加载过程的刚度系数大。

（4）弹簧-黏壶模型[10]

该模型通过黏性耗散阻尼器来考虑颗粒碰撞过程中的能量耗散，法向接触力为：

$$F_n=K_n\delta_n+C_n\dot{\delta}_n \tag{2.10}$$

其中阻尼系数 C_n 为：

$$C_n=2\gamma\sqrt{mK_n} \tag{2.11}$$

其中系数 γ 由恢复系数计算得到：

$$\gamma=-\frac{\ln(e)}{\sqrt{\pi^2+\ln(e)^2}} \tag{2.12}$$

2.3.2 切向接触模型

为了模拟真实颗粒材料表面粗糙度产生的摩擦力，在离散元方法中引入滑动

摩擦系数。采用库仑摩擦定律计算两颗粒产生滑动的初始摩擦力，μ 为摩擦系数，F_t 为切向接触力。当 $|F_t|<\mu F_n$ 时，两颗粒之间不产生相对滑动；当 $|F_t|=\mu F_n$ 时，开始发生滑动。当两颗粒处于相对静止的状态时，切向接触力的大小为累积切向位移乘以切向刚度系数，累计切向位移是从两颗粒开始接触到当前时刻相对切向位移增量之和。对于无黏性接触，切向接触力为：

$$F_t=-\min[|\mu F_n|,F_t(\delta_t,\dot{\delta}_t)]\frac{\dot{\delta}_t}{|\dot{\delta}_t|} \tag{2.13}$$

式中 δ_t——累积切向位移；

$\dot{\delta}_t$——单元质点平动与转动合成的相对速度。

与最简单的法向接触模型相似，离散元方法中最基本的切向力计算也假设切向力与累积切向位移之间满足线性关系，切向力计算如下：

$$F_t(\delta_t,\dot{\delta}_t)=K_t\int_{t_c^0}^{t}\dot{\delta}_t\mathrm{d}t \tag{2.14}$$

式中 t_c^0——接触发生的时刻。

在离散元计算中，积分运算可以转换为求和运算，即 $\int_{t_c^0}^{t}\dot{\delta}_t\mathrm{d}t\approx\sum_{t_c^0}^{t}\dot{\delta}_t\Delta t$ 。

2.3.3 抗转动模型

当采用光滑圆球颗粒单元模拟真实颗粒材料时，无法反映真实颗粒材料之间由于棱角及表面粗糙度存在产生的对颗粒之间转动的阻碍作用，无法真实再现颗粒集合体的宏观物理力学现象，所以需要引入抗转动模型考虑这一影响。

（1）Iwashita-Oda 模型[11]

在二维情况下，该模型通过增加一个与法向接触弹簧平行的转动弹簧-阻尼-滑动器计算转动力矩 M_r：

$$M_r=-K_r\theta_r-C_r\frac{\mathrm{d}\theta_r}{\mathrm{d}t} \tag{2.15}$$

式中 K_r——转动弹簧的刚度；

C_r——转动黏滞阻尼；

θ_r——相对转角。

转动阻力还包括由切向力产生的力矩，转动平衡方程的表达式如下：

$$I_p=\frac{\mathrm{d}\omega_t}{\mathrm{d}t}=\sum_{c=1}^{N_{ct}}F_t^c r_p+\sum_{c=1}^{N_{cm}}M_r^c \tag{2.16}$$

(2) 蒋明镜模型[12,13]

在以上模型的基础上，进一步考虑了接触面积影响，蒋明镜模型中法向接触力以及转动力矩都与接触点的转动有关。法向接触力的计算公式为：

$$F_{\mathrm{n}}=\int_{-B/2}^{B/2}[k_{\mathrm{n}}(\delta_{\mathrm{n}}+\theta_{\mathrm{z}})+\nu_{\mathrm{n}}(\dot{\delta}_{\mathrm{n}}+\dot{\theta}_{\mathrm{z}})]\,\mathrm{d}z \tag{2.17}$$

式中 ν_{n}——黏性阻尼；

B——与颗粒几何形状有关的参数。

转动力矩的计算公式为：

$$M_{\mathrm{n}}=-\int_{-B/2}^{B/2}[k_{\mathrm{n}}(\delta_{\mathrm{n}}+\theta_{\mathrm{z}})+\nu_{\mathrm{n}}(\dot{\delta}_{\mathrm{n}}+\dot{\theta}_{\mathrm{z}})]\,z\,\mathrm{d}z \tag{2.18}$$

此外，该模型可以通过引入表面突起数量 N 考虑单元表面粗糙度的影响，最终的总接触力为所有突起处接触力之和。

2.3.4 连接模型

离散元法通过连接模型中法向的抗拉强度和切向的剪切强度考虑颗粒之间的黏结作用。

(1) 接触连接模型[14-16]

接触连接可视为一个作用于接触点的具有常刚度和强度的法向和切向的弹簧，接触连接仅作用于接触点的无限小范围内，接触连接的强度由法向连接强度和切向连接强度控制，两者的单位均为力的单位，采用国际单位制时即为牛顿。当拉力超过法向连接强度或剪切力超过切向连接强度时连接均会发生破坏，而变成普通的颗粒与颗粒之间接触，无法再承受拉力。当连接出现张拉破坏时，法向和切向接触力均重新设为0；当连接为剪切破坏时，在法向接触力为压力和切向力不大于摩擦极限的条件下，接触力不发生变化。因此，接触连接发生破坏后并不影响材料的宏观刚度。由于接触连接仅在接触点无限小的范围内作用，因此，其不能传递力矩。接触连接模型和滑动连接模型在任何时刻都同时存在。

(2) 平行连接模型[17-20]

平行连接适用于模拟颗粒间的胶凝性材料，具有一定的刚度和强度。在圆盘模型中平行连接可视为一组均匀分布在矩形接触横截面的线弹性弹簧。平行连接共有5个参数：$\bar{k}^{\mathrm{n}}$、$\bar{k}^{\mathrm{s}}$、$\bar{\sigma}_{\mathrm{c}}$、$\bar{\tau}_{\mathrm{c}}$、$\bar{\lambda}$。其中，$\bar{k}^{\mathrm{n}}$ 和 $\bar{k}^{\mathrm{s}}$ 分别为单位面积上的法向刚度和切向刚度，$\bar{\sigma}_{\mathrm{c}}$ 和 $\bar{\tau}_{\mathrm{c}}$ 分别为平行连接的抗拉和抗剪强度，该强度采用应力的单位，$\bar{\lambda}$ 为平行连接的半径乘子，平行连接的半径 $\bar{R}=\bar{\lambda}\min(R^{[A]},R^{[B]})$。作用于平行连接上的力和力矩可以描述为：

$$\bar{F}_i=\bar{F}^{n}n_i+\bar{F}^{s}t_i$$

$$\bar{M}_i=\bar{M}^{n}n_i+\bar{M}^{s}t_i \tag{2.19}$$

在平行连接形成之时，$\bar{F}^{n}$、$\bar{F}^{s}$ 和 $\bar{M}^{n}$、$\bar{M}^{s}$ 均初始化为 0，当接触处出现相对位移增量(ΔU^{n}、ΔU^{s}、$\Delta\theta^{n}$、$\Delta\theta^{s}$)时，平行连接上即会产生力和力矩增量，可以描述为：

$$\begin{aligned}
\Delta\bar{F}^{n}&=\bar{k}^{n}A\Delta\bar{U}^{n}\\
\Delta\bar{F}^{s}&=-\bar{k}^{s}A\Delta\bar{U}^{s}\\
\Delta\bar{M}^{n}&=-\bar{k}^{s}J\Delta\theta^{n}\\
\Delta\bar{M}^{s}&=-\bar{k}^{n}I\Delta\theta^{s}
\end{aligned} \tag{2.20}$$

式中　A，I，J——平行连接的面积、惯性矩和平行连接断面的极惯性矩。

根据梁理论可换算得平行连接所承受的最大应力 $\bar{\sigma}_{\max}$ 和 $\bar{\tau}_{\max}$ 如下：

$$\begin{aligned}
\bar{\sigma}_{\max}&=\frac{-\bar{F}^{n}}{A}+\frac{|\bar{M}^{s}|\bar{R}}{I}\\
\bar{\tau}_{\max}&=\frac{|\bar{F}^{s}|}{A}+\frac{|\bar{M}^{n}|\bar{R}}{J}
\end{aligned} \tag{2.21}$$

当最大拉应力超过连接的抗拉强度或最大剪应力超过连接的抗剪强度时，平行连接就会破坏，平行连接所承受的力和力矩也会同时消失。

2.4 动态求解

离散元法的控制方程可以表示为如下形式：

$$\boldsymbol{M}\ddot{\boldsymbol{u}}+\boldsymbol{C}\dot{\boldsymbol{u}}+\boldsymbol{K}\boldsymbol{u}=\boldsymbol{F} \tag{2.22}$$

式中　$\boldsymbol{M}$——质量矩阵；

$\boldsymbol{C}$——阻尼矩阵；

$\boldsymbol{u}$——位移增量；

$\boldsymbol{F}$——力增量。

式(2.22) 中各项含义如下：$\boldsymbol{M}\ddot{\boldsymbol{u}}$ 为惯性力；$\boldsymbol{C}\dot{\boldsymbol{u}}$ 为阻尼力；$\boldsymbol{K}\boldsymbol{u}$ 为内力；$\boldsymbol{F}$ 为外力。全局刚度矩阵 $\boldsymbol{K}$ 与颗粒系统的单元几何形状及接触关系有关。

多节点系统的动态平衡方程可以用隐式方法或显式方法求解。使用隐式方法时，向量 $\boldsymbol{u}$ 和 $\boldsymbol{F}$ 包含系统中所有颗粒，所以需要像有限元法一样，连接构造整体质量矩阵 $\boldsymbol{M}$、阻尼矩阵 $\boldsymbol{C}$ 以及刚度矩阵 $\boldsymbol{K}$。在求解包含装配刚度矩阵的动力平衡方程时，将产生一个规模很大的联立方程组。求解过程会涉及高度稀疏刚度矩阵的求逆，对于计算机内存和计算资源的消耗十分巨大。

因此，在离散元法中采用显式方法求解，对单个颗粒建立动态平衡方程分别求解而不是同步求解整个系统的动态平衡方程。

2.4.1 控制方程

颗粒单元 p 的动态平动方程为：

$$m_p\ddot{\boldsymbol{u}}_p=\sum_{c=1}^{N_{c,p}}\boldsymbol{F}_{pc}^{\text{con}}+\sum_{j=1}^{N_{nc,p}}\boldsymbol{F}_{pj}^{\text{non-con}}+\boldsymbol{F}_p^{\text{f}}+\boldsymbol{F}_p^{\text{g}}+\boldsymbol{F}_p^{\text{app}} \tag{2.23}$$

式中 $\ddot{\boldsymbol{u}}_p$——加速度；

$\sum_{c=1}^{N_{c,p}}\boldsymbol{F}_{pc}^{\text{con}}$——颗粒单元之间接触力的矢量和；

$\sum_{j=1}^{N_{nc,p}}\boldsymbol{F}_{pj}^{\text{non-con}}$——颗粒单元之间非接触力的矢量和；

$\boldsymbol{F}_p^{\text{f}}$——流体相关作用力；

$\boldsymbol{F}_p^{\text{g}}$——重力；

$\boldsymbol{F}_p^{\text{app}}$——颗粒单元所受的不平衡力。

颗粒单元 p 的动态转动方程为：

$$\boldsymbol{I}_p\frac{\mathrm{d}\omega_p}{\mathrm{d}t}=\sum_{j=1}^{N_{\text{mom}}}\boldsymbol{M}_{pj} \tag{2.24}$$

式中 ω_p——角速度；

$\boldsymbol{M}_{pj}$——由第 j 个接触施加在颗粒单元 p 上的力矩；

N_{mom}——颗粒单元 p 周围的颗粒接触数量。

颗粒的平动加速度以及转动角加速度可以由以上两个方程解出，由加速度可以得到下一时步的位移增量进而更新颗粒单元的位置。

2.4.2 时间积分

将以上控制方程引入时间变量可以表示为：

$$m\ddot{u}(t)+c\dot{u}(t)+ku(t)=f(t) \tag{2.25}$$

假定 $t+\Delta t$ 时刻以前的变量均为已知量，采用中心差分法将上式转化为：

$$\begin{aligned}&m\left[u(t+\Delta t)-2u(t)+u(t-\Delta t)\right]/(\Delta t)^2+\\&c\left[u(t+\Delta t)-u(t-\Delta t)\right]/(2\Delta t)+ku(t)=f(t)\end{aligned} \tag{2.26}$$

其中，Δt 为计算时间步长。

由式(2.26) 可得

$$u(t+\Delta t)=\frac{(\Delta t)^2 f(t)+\left(\frac{c}{2}\Delta t-m\right)u(t-\Delta t)+\left[2m-k(\Delta t)^2\right]u(t)}{\left(m+\frac{c}{2}\Delta t\right)} \tag{2.27}$$

上式右边的量均为已知量，因而可以直接解出左边下一时步的位移 $u(t+\Delta t)$，再将该值代入如下两式，即可得到颗粒在当前计算时步的速度 $\dot{u}(t)$ 和加速度 $\ddot{u}(t)$。

$$\begin{aligned}&\dot{u}(t)=\frac{u(t+\Delta t)-u(t-\Delta t)}{2\Delta t}\\&\ddot{u}(t)=\frac{u(t+\Delta t)-2u(t)+u(t-\Delta t)}{(\Delta t)^2}\end{aligned} \tag{2.28}$$

2.5 颗粒集合评价方法

颗粒在系统中的排布特征在很大程度上影响着颗粒集合的物理力学特性。由于颗粒系统的拓扑结构非常复杂，在实验中很难观测及统计颗粒之间的排列规律。随着离散元法的发展，使得获取颗粒集合内部细观信息变得更为容易，为我们深入研究颗粒排布特点带来了可能。

目前，评价颗粒集合排列特征的指标包括堆积密度、径向分布函数、配位数以及组构分析[21-23]。

2.5.1 堆积密度

颗粒集合的密集程度是最常见的颗粒集合排布特性的评价标准，相关评价指标如下。

孔隙比 e 为：

$$e=\frac{V_{\mathrm{v}}}{V_{\mathrm{s}}} \tag{2.29}$$

式中 V_{v}——孔隙体积；

V_{s}——颗粒体积。

比容 v 为颗粒系统总体积与颗粒实体体积之比：

$$v=\frac{V}{V_{\mathrm{s}}} \tag{2.30}$$

孔隙率 n 为孔隙体积与颗粒系统总体积之比：

$$n=\frac{V_{\mathrm{v}}}{V} \tag{2.31}$$

堆积密度 ρ 为颗粒实体体积与颗粒集合总体积之比：

$$\rho=\frac{V_{\mathrm{s}}}{V} \tag{2.32}$$

在二维情况下，单一粒径颗粒集合能达到的最大堆积密度为0.906，在三维情况下，单一粒径颗粒集合能达到的最大堆积密度为0.740。堆积密度受到边界条件的影响，在区域边界处的颗粒堆积密度比颗粒集合中部的颗粒堆积密度小。

2.5.2 径向分布函数

径向分布函数 $g(r)$ 是经典的统计均匀球体系统空间变异性的指标，也称为对相关函数。假设体积为 V 的空间里包含 N 个颗粒，选择其中一个颗粒所在位置作为原点 O，定义 $\rho_n=N/V$ 为单位体积的评价颗粒数量，则与原点 O 距离为 r 位置处的平均密度为 $\rho_n g(r)$。径向分布函数可以表征在选定一个颗粒以后，在距离其一定范围内找到另一个颗粒的概率。

2.5.3 配位数

配位数可以从颗粒层面反映颗粒之间的接触密度，其定义如下：

$$Z=2\frac{N_c}{N_p} \tag{2.33}$$

式中 N_c——颗粒集合中的接触数量；

N_p——颗粒数量。

由于每一个接触连接两个颗粒，所以乘以系数 2。配位数考虑了系统内所有的接触和颗粒，由于配位数为 0 或者 1 的颗粒对系统的传力路径贡献不大，因此 Thornton[24] 对配位数的定义进一步改进提出了有效配位数：

$$Z_m=\frac{2N_c-N_1}{N_p-N_0-N_1} \tag{2.34}$$

式中 N_1——配位数为 1 的颗粒数目；

N_0——配位数为 0 的颗粒数目。

2.5.4 组构分析

堆积密度和配位数是颗粒集合排布特性的标度测量，无法反映颗粒系统的各向异性，组构分析可以弥补这一缺陷。常用的组构分析方法包括玫瑰图分析和组构张量分析。

(1) 玫瑰图及曲线拟合

绘制规定角度范围内接触数量的直方图或玫瑰图，对直方图进行曲线拟合，采用拟合函数中的特征参数作为空间各向异性的评价指标。接触的空间分布可以用概率密度函数 $E(\boldsymbol{n})$ 进行描述，代表了接触方向与单位向量 $\boldsymbol{n}$ 重合的概率，概率密度函数在整个区域内的积分为 1。

$$\int_{\Omega}E(\boldsymbol{n})\mathrm{d}\Omega=1 \tag{2.35}$$

对于各向同性材料，该椭球函数为圆球形状，否则椭球的长轴即为接触的优势方向。

在二维系统或三维轴对称系统中，以上概率密度函数可以表示为：

$$\int_0^{2\pi}E(\theta)\mathrm{d}\theta=1 \tag{2.36}$$

式中 θ——接触与参考轴之间的角度。

该函数可以进行傅里叶展开：

$$E(\theta)=\frac{1}{2\pi}[1+a\cos2(\theta-\theta_a)] \tag{2.37}$$

其中，a 定义了组构各向异性的幅值，θ_a 定义了组构各向异性的主方向。

（2）组构张量

由接触取向得到的组构张量是评价各向异性大小的另一指标。常用的二阶组构张量定义如下：

$$\Phi_{ij}=\frac{1}{N_{\mathrm{c}}}\sum_{k=1}^{N_{\mathrm{c}}} cn_i^k \tag{2.38}$$

式中 n_i^k——描述接触法向方位的单位向量。

二阶组构张量的定义与应力张量类似，因此可以用相似的手段进行分析。三维空间中的三个主组构张量分布用 Φ_1、Φ_2 和 Φ_3 表示，通过对组构张量进行特征值分解可以得到对应的组构的特征参数，与最优取向的最大偏差由最大特征值给出，对应方向由特征向量给出。

二维及三维轴对称系统中，主组构张量的表示如下：

$$\begin{pmatrix}\Phi_1\\ \Phi_2\end{pmatrix}=\frac{1}{2}(\Phi_{xx}+\Phi_{yy})\pm\frac{1}{2}\sqrt{(\Phi_{xx}-\Phi_{yy})^2+\Phi_{xy}^2} \tag{2.39}$$

通过 $\Phi_1-\Phi_3$ 或者 Φ_1/Φ_3 可以定量评价组构的各向异性。

三维系统中，通过以下不变量定量描述组构各向异性：

$$\Phi_{\mathrm{d}}=\frac{1}{\sqrt{2}}\sqrt{(\Phi_1-\Phi_2)^2+(\Phi_2-\Phi_3)^2+(\Phi_3-\Phi_1)^2} \tag{2.40}$$

参考文献

[1] Paul W Cleary. Granular flows: fundamentals and applications. Granular and Complex Materials，2007：141-168.

[2] Leo Rothenburg，Richard J Bathurst. Numerical simulation of idealized granular assemblies with plane elliptical particles. Computers and geotechnics，1991，11（4）：315-329.

[3] John M Ting. A robust algorithm for ellipse-based discrete element modelling of granular materials. Computers and Geotechnics，1992，13（3）：175-186.

[4] Xiaoshan Lin，Tang-Tat Ng. Contact detection algorithms for three-dimensional ellipsoids in discrete element modelling. International Journal for Numerical and Analytical Methods in Geomechanics，1995，19（9）：653-659.

[5] Tang-Tat Ng. Fabric evolution of ellipsoidal arrays with different particle shapes. Journal of Engineering

Mechanics, 2001, 127 (10): 994-999.

[6] GT Houlsby. Potential particles: a method for modelling non-circular particles in dem. Computers and Geotechnics, 2009, 36 (6): 953-959.

[7] Caroline Hogue. Shape representation and contact detection for discrete element simulations of arbitrary geometries. Engineering Computations, 1998, 15 (3): 374-390.

[8] Y. T. Feng, D. R. J. Owen. Discrete element method-short course on particle based methods. Barcelona, Spain, 2008.

[9] Otis R Walton, Robert L Braun. Viscosity, granular-temperature, and stress calculations for shearing assemblies of inelastic, frictional disks. Journal of Rheology, 1986, 30 (5): 949-980.

[10] Paul W Cleary. Dem simulation of industrial particle flows: case studies of dragline excavators, mixing in tumblers and centrifugal mills. Powder Technology, 2000, 109 (1-3): 83-104.

[11] Kazuyoshi Iwashita, Masanobu Oda. Rolling resistance at contacts in simulation of shear band development by dem. Journal of Engineering Mechanics, 1998, 124 (3): 285-292.

[12] MJ Jiang, H-S Yu, D Harris. A novel discrete model for granular material incorporating rolling resistance. Computers and Geotechnics, 2005, 32 (5): 340-357.

[13] Mingjing Jiang, Serge Leroueil, Hehua Zhu, Hai-Sui Yu, Jean-Marie Konrad. Two-dimensional discrete element theory for rough particles. International Journal of Geomechanics, 2009, 9 (1): 20-33.

[14] BK Cook, MY Lee, AA DiGiovanni, DR Bronowski, ED Perkins, JR Williams. Discrete element modeling applied to laboratory simulation of near-wellbore mechanics. International Journal of Geomechanics, 2004, 4 (1): 19-27.

[15] GR McDowell, O Harireche. Discrete element modelling of soil particle fracture. Géotechnique, 2002, 52 (2): 131-135.

[16] PHSW Kulatilake, Bwalya Malama, JialaiWang. Physical and particle flow modeling of jointed rock block behavior under uniaxial loading. International Journal of Rock Mechanics and Mining Sciences, 2001, 38 (5): 641-657.

[17] Lok Yee Geraldine Cheung. Micromechanics of sand production in oil wells. London: Imperial College London, 2010.

[18] EJ Abbott, FA Firestone. Specifying surface quality: a method based on accurate measurement and comparison. SPIE MILESTONE SERIES MS, 1995, 107: 63.

[19] C Wang, DD Tannant, PA Lilly. Numerical analysis of the stability of heavily jointed rock slopes using pfc2d. International Journal of Rock Mechanics and Mining Sciences, 2003, 40 (3): 415-424.

[20] A Fakhimi, JJ Riedel, Joseph F Labuz. Shear banding in sandstone: Physical and numerical studies. International Journal of Geomechanics, 2006, 6 (3): 185-194.

[21] BA Klumov, SA Khrapak, GE Morfill. Structural properties of dense hard sphere packings. Physical Review B, 2011, 83 (18): 184105.

[22] Xiang Song Li，Yannis F Dafalias. Dilatancy for cohesionless soils. Geotechnique，2000，50 (4)：449-460.

[23] Xin Huang，Kevin J Hanley，Catherine O' Sullivan，Fiona CY Kwok. Effect of sample size on the response of dem samples with a realistic grading. Particuology，2014，15：107-115.

[24] Colin Thornton. Numerical simulations of deviatoric shear deformation of granular media. Géotechnique，2000，50 (1)：43-53.

第3章

粗糙颗粒接触模型

离散元法中采用的基本单元都是类似圆盘、圆球等规则的几何形状，并且认为这些基本单元的表面都是光滑的。然而真实的颗粒材料具有宏观及微观层面的几何不规则性。近年来，有关颗粒材料几何不规则性及其对颗粒集合体力学特性的影响这一问题逐渐引起研究者的重视。一些研究引入了更加复杂的几何形状，包括椭圆、圆柱体、多面体等[1,2]；还有一些研究者通过将基本单元捆绑在一起来模拟复杂形状[3-7]。以上这些方法都是从宏观尺度上研究真实材料的几何不规则性。

颗粒微观层面的几何不规则性，即表面粗糙度，也在很大程度上影响着颗粒之间的接触、摩擦及润滑特性，如何考虑颗粒微观尺度的不规则性，是一个更加困难的问题。接触模型用来评价颗粒之间的接触力，可以建立包含表面粗糙系数的接触模型来评价粗糙度对颗粒接触行为的影响。被广泛应用的库伦摩擦定律就是从这一角度通过摩擦系数影响颗粒切向接触力。同样，表面粗糙度也会影响颗粒之间的相对滚动，抗转动模型针对这一问题进行了研究。可以看出，以上这些方法都从确定性的角度研究了表面粗糙度对接触力学特性的影响。

考虑颗粒之间的摩擦机制时，需要重点考虑两方面的问题：一方面需要采用数学手段对表面粗糙度进行合理描述；另一方面需要建立力学模型对接触力进行计算。接触力计算的力学模型也可以分为两类：确定性模型及随机模型。确定性模型采用快速傅里叶变换等方法对表面突起进行描述，结合有限元方法确定粗糙表面之间的接触力[8]。Greenwood-Williamson（GW）模型[9] 是最经典的随机粗糙表面接触力计算模型，在这一模型中粗糙表面的突起高度可以用一个随机分布的函数进行描述，突起之间的接触力采用赫兹定律进行计算。GW 模型中突起只有一层，可以被看作单一尺度的随机接触模型，Archard[10] 提出了多尺度的粗糙表面模型，将粗糙表面看作几层突起叠加在一起。Majumdar 和 Bhushan[11] 采用具有分形特性的曲线或曲面描述粗糙表面，与 GW 模型相比，这些多层突起模型可以被看作具有多个尺度的随机接触模型。

在离散元计算中要求接触模型形式简单并且计算高效，因此笔者在经典 GW 模型的基础上开发了适用于粗糙颗粒离散元计算的随机接触模型。

3.1 经典 GW 模型

两粗糙面接触时，表面处的突起会影响真实接触面积。考虑到粗糙表面的复杂性，可以认为突起顶端的高度满足某种概率分布，建立数学模型描述粗糙面的剖面形态。1966 年，Greenwood 和 Williamson 提出了建立不规则表面模型的最简单方法，称为 GW 模型。在 GW 模型中，粗糙表面被描述为一系列突起的组合，突起之间的接触力通过赫兹定律计算，粗糙表面的总接触力为一系列突起接触力的叠加。

在 GW 模型中，有四个前提假设：

① 粗糙表面剖面突起的高度服从高斯分布；

② 突起顶端形状为具有相同曲率半径的圆弧；

③ 突起变形相互独立，不受周围突起变形的影响；

④ 忽略突起下部的体积变形。

3.1.1 粗糙平面的表征

粗糙表面及其剖面如图 3-1 所示。通过详细描述剖面形态，可以得到粗糙表面具有的一系列特征。$z(x_i)(i=1,\cdots,N)$ 给出了在长度 L 范围内沿 x 方向剖面顶点的高度值。

(1) 粗糙度均方根 σ

粗糙度均方根 σ（以下简称为粗糙度）是粗糙表面顶点高度与粗糙表面平均高度差值的标准差。

$$\sigma=\sqrt{\frac{1}{L}\int_{0}^{L}z^{2}(x)\mathrm{d}x} \tag{3.1}$$

(2) 概率密度函数 ϕ

概率密度函数 ϕ 描述了剖面一点处高度的概率分布，如图 3-2 阴影部分所示。

为了得到概率密度，剖面沿高度方向被分成间隔为 $\mathrm{d}z$ 的若干层。概率密度可以表示为高度出现在 $(z,z+\mathrm{d}z)$ 范围内的概率，即：

$$\phi(z)=\lim_{\mathrm{d}z\to 0}\frac{P(z,z+\mathrm{d}z)}{\mathrm{d}z} \tag{3.2}$$

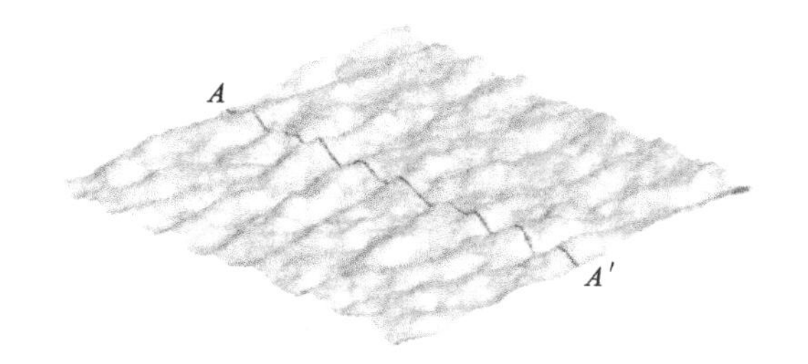

(a) 粗糙表面

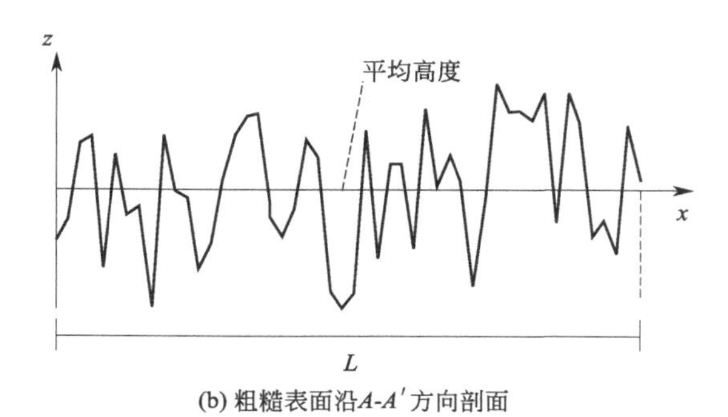

(b) 粗糙表面沿A-A′方向剖面

图 3-1　粗糙表面及其剖面

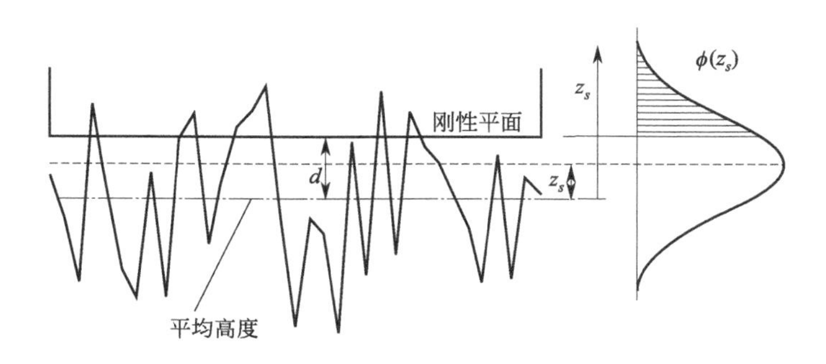

图 3-2　剖面高度及概率密度

在 GW 模型中，认为粗糙表面突起高度满足高斯分布，即：

$$\phi(z)=\frac{1}{\sqrt{2\pi\sigma^2}}\exp\left(-\frac{z^2}{2\sigma^2}\right) \tag{3.3}$$

3.1.2 粗糙平面接触

粗糙平面 1 和 2 的粗糙度分别为 σ_1 和 σ_2，两平面平均高度之间的差值为 d。两粗糙平面的接触问题可以看作刚性光滑平面与可变形粗糙平面间的接触，其中粗糙平面的粗糙度为原粗糙平面 1 和 2 的等效粗糙度 σ。

$$\sigma^2=\sigma_1^2+\sigma_2^2 \tag{3.4}$$

通过突起顶点的高度 z_s 描述剖面形态，粗糙表面平均高度及概率密度函数如图 3-2 所示。在 GW 模型中，认为突起顶端是具有相同半径 β 的圆弧，并且在单位面积内的突起数量为 N。单个突起与光滑平面的接触重叠量为 z_s-d ，通过赫兹定律得到单个突起与光滑平面的接触力为：

$$f(z_s)=\frac{4}{3}E\beta^{1/2}(z_s-d)^{3/2} \tag{3.5}$$

式中　E——两接触表面的等效杨氏模量。

在给定高度 z_s 处发生接触的概率为：

$$\text{prob}\,(z_s>d)=\int_d^{\infty}\phi(z_s)\mathrm{d}z_s \tag{3.6}$$

在单位面积上产生的总接触力为：

$$P(d)=\frac{4}{3}EN\beta^{1/2}\int_d^{\infty}(z_s-d)^{3/2}\phi(z_s)\mathrm{d}z_s \tag{3.7}$$

3.1.3 两粗糙球体接触

在两粗糙圆球接触问题中应用 GW 模型，需要考虑圆球剖面形状对两接触面之间距离的影响。接触面之间的距离不再是一个常数，而是一个与接触点距圆球中心线距离 r 有关的函数。可以将两圆球之间的接触简化为半径为 R 的可变形光滑圆球与粗糙度为 σ 的平面之间的接触，如图 3-3 所示。

R 和 σ 为两粗糙圆球的等效半径与等效粗糙度，满足以下关系：

$$\frac{1}{R}=\frac{1}{R_1}+\frac{1}{R_2};\sigma^2=\sigma_1^2+\sigma_2^2 \tag{3.8}$$

在图 3-3 中，δ 是未变形圆球最低点与粗糙表面平均高度之间的距离，与离散元模拟中两颗粒重叠量 δ 定义相同。

未变形圆球剖面（虚线）各点与粗糙面平均高度之间的距离为：

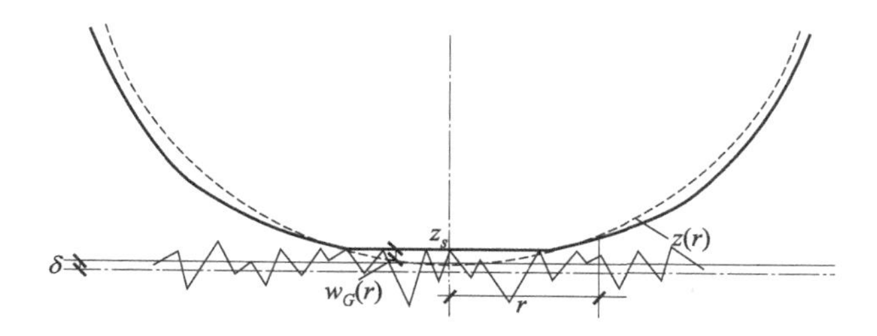

图 3-3 光滑圆球与粗糙平面之间的接触

$$z(r)=\delta_0-\frac{r^2}{2R} \tag{3.9}$$

式中 r——接触点到圆球中心线之间的距离。

变形后圆球与粗糙面平均高度之间的距离为：

$$d(r)=w_G(r)-\delta+\frac{r^2}{2R} \tag{3.10}$$

式中 $w_G(r)$——圆球的形变量。

高度为 z_s 的突起与圆球的重叠量为：

$$o(r)=z_s-d(r) \tag{3.11}$$

当 $o(r)>0$ 时，圆球与突起之间的接触力可以通过赫兹定律求得：

$$f(z_s)=\frac{4}{3}E\beta^{1/2}[z_s-d(r)]^{3/2} \tag{3.12}$$

与两粗糙平面之间的接触类似，考虑到接触发生的概率，接触面的压力分布可以表示为：

$$p_G(r)=C\int_{d(r)}^{+\infty}[z_s-d(r)]^{3/2}\phi(z_s)\mathrm{d}z_s \tag{3.13}$$

其中

$$C=\frac{4}{3}NE\beta^{1/2} \tag{3.14}$$

形变量 $w_G(r)$ 为：

$$w_G(r)=\frac{4}{\pi E}\int_0^{\bar{a}}\frac{t}{r+t}p(t)\boldsymbol{K}(k)\mathrm{d}t \tag{3.15}$$

式中 $\bar{a}$——接触半径，大于赫兹定律求得的接触半径；

$\boldsymbol{K}(k)$——第一类椭圆积分，椭圆模量为：

$$k=\frac{2\sqrt{rt}}{r+t} \tag{3.16}$$

对接触面的压力进行积分，可以得到最终的总接触力：

$$P_G(\delta,\sigma)=\int_0^{\bar{a}} 2\pi r p_G(r)\,\mathrm{d}r \tag{3.17}$$

3.2 接触模型的无量纲形式

在接触压力的计算公式中有 3 个与表面粗糙度有关的参数：N、β 及 σ，其中 σ 和 $N\beta^{1/2}$ 是独立的。σ 具有明确的物理含义，其取值很容易确定，但 $N\beta^{1/2}$ 的取值范围很大，需要进行无量纲处理。

无量纲系数 μ 定义为：

$$\mu=\frac{8}{3}\sigma N\sqrt{2R\beta} \tag{3.18}$$

因此

$$N\beta^{1/2}=\frac{3\mu}{8\sqrt{2R}\sigma} \tag{3.19}$$

系数 C 可以被表示为：

$$C=\frac{\mu}{\sqrt{8R}\sigma}E \tag{3.20}$$

所以接触力计算公式中的 3 个输入参数为 δ、σ 和 μ。

将公式进行无量纲处理会极大提高计算效率并且更好地体现其中的物理意义，所以将 GW 模型进行了两种形式的无量纲化：第一种选用 σ 作为标准量；第二种选用 δ 作为标准量。这两种形式的无量纲化与文献 [12] 中提出的无量纲参数 α 有如下关系：

$$\alpha=\frac{\sigma}{\delta};\quad \alpha'=\frac{1}{\alpha}=\frac{\delta}{\sigma} \tag{3.21}$$

任意物理量 q 与其无量纲形式 q^* 之间的关系，可由下式得到：

$$q=\lambda_q q^* \tag{3.22}$$

其中 λ_p 为比例系数。表 3-1 列出了两种形式下不同物理量的无量纲比例系数。

表 3-1　两种形式下不同物理量的无量纲比例系数

q^*	σ-形式	δ-形式
δ^*	σ	—
σ^*	—	δ
w^*	σ	δ
z_s^*	σ	δ
$\phi^*(z_s^*)$	$1/\sigma$	$1/\delta$
r^*	$\sqrt{2R\sigma}$	$\sqrt{2R\delta}$
$\bar{a}^*$	$\sqrt{2R\sigma}$	$\sqrt{2R\delta}$
p^*	$E\sqrt{\sigma/8R}$	$E\sqrt{\delta/8R}$
P^*	$P_H(\sigma)$	$P_H(\delta)$

两种形式下压力分布 $p_G(r)$、变形分布 $w_G(r)$ 以及接触力 P_G 的无量纲表示如下。

（1）σ-形式

$$p_G^*(r^*,\alpha')=\mu\int_{w^*(r^*,\alpha')+r^{*2}}^{\infty}[z_s^*-w^*(r^*,\alpha')-r^{*2}]^{3/2}\phi(z_s^*-\alpha')\mathrm{d}z_s^* \tag{3.23}$$

$$w_G^*(r^*,\alpha')=\frac{2}{\pi}\int_0^{\bar{a}^*}\frac{t^*}{t^*+r^*}p^*(t^*,\alpha')\mathbf{K}(k)\mathrm{d}t^* \tag{3.24}$$

$$P_G^*(\alpha',\mu)=\frac{3\sqrt{2}}{8}\int_0^{\bar{a}^*}2\pi r^*p^*(r^*,\alpha')\mathrm{d}r^* \tag{3.25}$$

（2）δ-形式

$$p_G^*(r^*,\alpha)=\frac{\mu}{\alpha}\int_{w^*(r^*,\alpha)+r^{*2}}^{\infty}[z_s^*-w^*(r^*,\alpha)-r^{*2}]^{3/2}\phi(z_s^*-1)\mathrm{d}z_s^* \tag{3.26}$$

$$w_G^*(r^*,\alpha)=\frac{2}{\pi}\int_0^{\bar{a}^*}\frac{t^*}{t^*+r^*}p^*(t^*,\alpha)\mathbf{K}(k)\mathrm{d}t^* \tag{3.27}$$

$$P_G^*(\alpha,\mu)=\frac{3\sqrt{2}}{8}\int_0^{\bar{a}^*}2\pi r^*p^*(r^*,\alpha)\mathrm{d}r^* \tag{3.28}$$

可以看出，w_G^* 与 P_G^* 在两种形式下的表示相同，p_G^* 稍有不同。

两粗糙颗粒之间的总接触力可以表示为：

$$P_G(\delta,\sigma,\mu)=P_H(\delta)P_G^*(\alpha,\mu)=P_H(\sigma)P_G^*(\alpha',\mu) \tag{3.29}$$

即在重叠量为 δ 或 σ 时的赫兹接触力 P_H 可以作为两种形式下粗糙颗粒接触力 P_G 的比例系数。

3.3 接触模型的数值求解

由于接触模型中接触压力分布 $p_G(r)$ 与变形分布 $w_G(r)$ 相互耦合，以及高斯分布的不可积性，无法直接建立接触重叠量 δ 与接触力 P_G 之间的显式表达关系。因此需要采用数值方法得到输入参数 δ、σ 及 μ 对应的总接触力 P_G。以下求解过程针对经典 GW 模型进行讨论，但相应的数值求解技巧可以应用于后续各种改进模型当中。

3.3.1 压力及变形分布的求解

由于式(3.13) 和式(3.15) 在内部相互耦合，采用基于 Newton-Raphson 算法的数值方法进行求解。

首先将接触区域 $[0,\bar{a}]$ 离散为 m 个点 $r_m=[r_1,\cdots,r_m]^{\mathrm{T}}$ 作为积分点，积分点对应的权重为 $s_m=[s_1,\cdots,s_m]^{\mathrm{T}}$，式(3.13) 可以离散为如下形式：

$$p_{G_i}=C\int_{d_i}^{\infty}(z_s-d_i)^{3/2}\phi(z_s)\,\mathrm{d}z_s\equiv Cg(w_{G_i}) \tag{3.30}$$

其中

$$g(w_{G_i})=\int_{d_i}^{\infty}(z_s-d_i)^{3/2}\phi(z_s)\,\mathrm{d}z_s;d_i=w_{G_i}-\delta+\frac{r_i^2}{2R}$$

式(3.15) 转换为：

$$w_{Gi}=\frac{4}{\pi E}\sum_{j=1}^{m}s_j\alpha_{ij}p_{G_j} \tag{3.31}$$

其中系数 α_{ij} 表示为：

$$\alpha_{ij}=\frac{r_j}{r_i+r_j}\boldsymbol{K}(k_{ij});\ k_{ij}=\frac{2\sqrt{r_ir_j}}{r_i+r_j} \tag{3.32}$$

在离散点处需要满足如下控制方程：

$$F_i(p_{G1},\cdots,p_{Gm})=p_{Gi}-Cg(w_{Gi})=0 \tag{3.33}$$

以上关系在所有离散点处都需要成立，即要求如下非线性方程组成立：

$$\boldsymbol{F}(\boldsymbol{p}_G)=\boldsymbol{p}_G-C\boldsymbol{g}(\boldsymbol{w}_G)=0 \tag{3.34}$$

其中包含的四个向量表示如下：

$$\boldsymbol{F}=[F_{Gq},\cdots,F_{Gm}]^{\mathrm{T}};\boldsymbol{p}=[p_{G1},\cdots,p_{Gm}]^{\mathrm{T}};$$

$$\boldsymbol{w}=[w_{G1},\cdots,w_{Gm}]^{\mathrm{T}};g(\boldsymbol{w})=[g(w_{G1}),\cdots,g(w_{Gm})]^{\mathrm{T}}$$

采用 Newton-Raphson 算法求解该非线性方程组，将方程 $\boldsymbol{F}$ 进行泰勒展开：

$$\boldsymbol{F}(\boldsymbol{p}_G+\delta\boldsymbol{p})=\boldsymbol{F}(\boldsymbol{p}_G)+\boldsymbol{J}\delta\boldsymbol{p}+O(\delta\boldsymbol{p}^2) \tag{3.35}$$

其中 $\boldsymbol{J}$ 为方程 $\boldsymbol{F}$ 对应的雅可比矩阵：

$$\boldsymbol{J}=\nabla\boldsymbol{F}\text{ 或 }J_{ij}=\frac{\partial F_i}{\partial p_{G_j}} \tag{3.36}$$

忽略高阶微量，增量 $\delta\boldsymbol{p}$ 为：

$$\delta\boldsymbol{p}=-\boldsymbol{J}^{-1}\boldsymbol{F}(\boldsymbol{p}_G) \tag{3.37}$$

以由赫兹模型得到的接触压力分布作为初始解，通过迭代计算最终得到$\boldsymbol{p}_G$ 的收敛解。通过计算压力分布$\boldsymbol{p}_G$ 在接触区域的数值积分，得到总接触力 P_G：

$$P_G(\delta)=2\pi\sum_{j=1}^{m}s_j r_j p_{Gj} \tag{3.38}$$

3.3.2 数值求解方法的要点

为了提高计算效率和计算精度，在上述数值求解过程中需要注意以下几个方面。

（1）数值积分

在式(3.13)～式(3.15) 中涉及的 3 种数值积分都采用高斯积分处理。式(3.13) 和式(3.15) 的积分区域相同，采用相同的高斯积分点和权重，这种处理可以满足 Newton-Raphson 算法的要求。式(3.17) 中的积分区域采用不同的高斯积分点，尽管公式中的积分上限为无限大，但在实际计算中选择与粗糙度 σ 有关的临界值作为积分上限。

（2）雅可比矩阵

在每一次 Newton-Raphson 迭代运算中都需要求解雅可比矩阵 $\boldsymbol{J}$，其解析解的确定比较困难，采用有限差分法得到雅可比矩阵的近似解。$\boldsymbol{J}_j$ 为雅可比矩阵 $\boldsymbol{J}$ 的第 j 列，$e_j=[0,\cdots,1,\cdots,0]^{\mathrm{T}}$ 为只有第 j 列取值为 1，其余列取值都为 0 的单位向量。$\boldsymbol{J}_j$ 的近似解可以表示为：

$$\boldsymbol{J}_j=\frac{1}{\epsilon_j}[\boldsymbol{F}(\boldsymbol{p}+\epsilon_j\boldsymbol{e}_j)-\boldsymbol{F}(\boldsymbol{p})],j=1,\cdots,m \tag{3.39}$$

其中

$$\varepsilon_j=\varepsilon\max\{p_j,\varepsilon\}$$

其中 ε 为摄动参数。需要注意的是，ε 取值过大会影响算法的收敛性，ε 取值过小会影响数值稳定性，在本章介绍的工作中，ε 的取值为 10^{-6}。

(3) 系数 α_{ij} 的确定

式(3.31) 中的系数 α_{ij} 的取值在数值求解中十分重要，采用如下方法确定该系数的取值。定义 $\lambda_{ij}=r_i/r_j$，α_{ij} 可以表示为如下形式：

$$\alpha_{ij}=\frac{1}{1+\lambda_{ij}}\boldsymbol{K}(k_{ij})\text{；}k_{ij}=\frac{2\sqrt{\lambda_{ij}}}{1+\lambda_{ij}} \tag{3.40}$$

可知 $k_{ij}=k_{ji}$，因此 $\boldsymbol{K}(k_{ij})=\boldsymbol{K}(k_{ji})$，根据此对称性就可以使求解椭圆积分的速度加快 1 倍。

由于 $\boldsymbol{K}$ (1) 无限大，对角线项 α_{ii} 的取值存在奇异性问题。在目前的工作当中，该问题的解决基于赫兹定律计算得到的压力及变形分布可以满足式(3.17) 这一前提。对于赫兹压力分布：

$$\bar{p}_H(r)=\bar{p}_0(1-r^2/\bar{a}^2)^{1/2}$$

其满足式(3.15) 的变形分布为：

$$\bar{w}_H(r)=\bar{w}_0(1-r^2/2\bar{a}^2)^{1/2}$$

其中 $\bar{w}_0=\pi\bar{p}_0\bar{a}/2E$。由式(3.31) 计算得到的压力分布应等于 $\bar{w}_H=(r_i)$

$$\bar{w}_H(r_i)=\frac{4}{\pi E}\sum_{j=1}^{m}s_j\alpha_{ij}\bar{p}_H(r_j) \tag{3.41}$$

因此

$$\alpha_{ii}=\frac{1}{s_i\bar{p}_H(r_i)}\left[\frac{\pi E}{4}\bar{w}_H(r_i)-\sum_{j=1,j\neq i}^{m}s_j\alpha_{ij}\bar{p}_H(r_j)\right] \tag{3.42}$$

α_{ii} 的取值与接触面积 $\bar{a}$ 及材料的弹性模量 E 无关。图 3-4 展示了 α_{ii} 与积分点数量及无量纲位置坐标之间的关系。曲线由下至上［图 3-4(a)］、由左至右［图 3-4(b)］分别为 $m=5$、$m=10$、$m=20$、$m=50$、$m=100$、$m=200$。

因此，系数 α_{ij} 的取值与积分点数量有关，与其他输入参数无关，因此当确定积分点数量以后，可以预先计算出所有 α_{ij} 的取值，可以为后续的积分过程节省大量时间。

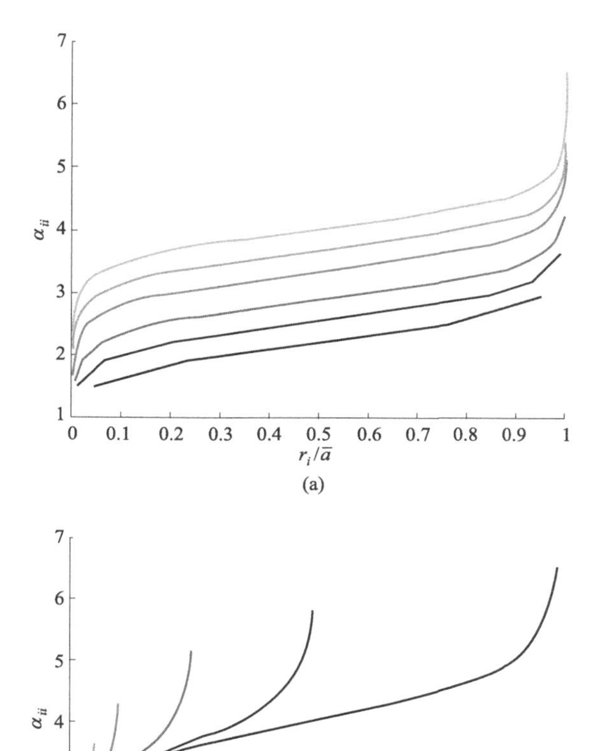

图 3-4　对角线项 α_{ii} 的分布

3.4 数值计算结果及验证

本节采用上一节中提出的数值积分方法进行计算，并与已有文献中的结果进行对比来验证算法的有效性。

3.4.1 Newton-Raphson 算法的收敛性

当摄动参数 ε 取值合适时，Newton-Raphson 算法可以达到二次收敛性。迭代

i 次以后的剩余误差定义为：

$$\varepsilon_i = \| \delta \boldsymbol{p}_{Gi} \| / \| \boldsymbol{p}_{Gi} \| \tag{3.43}$$

式中 $\delta \boldsymbol{p}_{Gi}$——当前步压力增量；

$\boldsymbol{p}_{Gi}$——更新以后的压力。

赫兹定律计算得到的压力分布 $p_H(r)$ 作为压力分布 $p_G(r)$ 的初始取值。摄动参数 ε 取值为 10^{-6}。当 $\mu=4$，$m=100$ 时，剩余误差与迭代步在 α 不同取值时的关系列于表 3-2 中。可以看出，所有 α 取值都达到了二次收敛性，这就说明 $\varepsilon=10^{-6}$ 是一个合适的取值。当 α 取值较大时的收敛速度更快，迭代 4～5 次就可以达到 10^{-6} 精度。

表 3-2　不同 α 值对应的迭代过程剩余误差

迭代次数	$\alpha=0.01$	$\alpha=0.1$	$\alpha=1.0$
1	7.26×10^{-2}	1.77×10^{-1}	2.36×10^{-1}
2	3.81×10^{-2}	5.00×10^{-2}	1.27×10^{-2}
3	7.53×10^{-3}	4.38×10^{-3}	8.28×10^{-5}
4	4.68×10^{-4}	2.81×10^{-5}	2.11×10^{-11}
5	1.80×10^{-6}	8.58×10^{-10}	1.14×10^{-17}
6	2.42×10^{-11}	2.77×10^{-16}	
7	1.40×10^{-15}		

3.4.2　数值参数的选取

数值求解过程需要确定以下参数：

① 接触半径 $\bar{a}$；

② 式(3.17) 和式(3.19) 中的高斯积分点的数量 m；

③ 式(3.15) 中的高斯积分点数量以及积分上限。

随着 r 的增加，$p_G(r)$ 的取值不断减小直至趋近零。接触半径 $\bar{a}$ 无法预先确定，需要先假设一个可以覆盖实际接触面积的足够大的取值，但这一面积也不能选取得过大，避免在实际压力值趋近零的区域内进行过多积分运算。当接触面积通过下式计算时，可以在计算精度和计算效率之间达到较好的平衡：

$$\bar{a}=(1.75+\min\{\alpha,|\alpha'|\})a \tag{3.44}$$

其中 a 为在接触重叠量相同时光滑接触对应的接触半径。

式(3.15）中选取的高斯积分点数量为 10，积分上限选择 5σ 时可以考虑到 99.99994%的表面突起。

高斯积分点的数量 m 会在很大程度上影响总接触力 P_G 的计算精度和计算效率，为了确定一个适当的取值，进行了如下收敛性测试：针对不同的 α 和 μ，选用不同的高斯积分点数量计算 $P_G^*(\alpha,\mu)$，计算结果见表 3-3。可以看出，当 $m=5$ 时可以达到 10^{-3} 精度，当 $m=20$ 时可以达到 10^{-5} 精度。为了保证计算结果的精度足够高，以下计算过程都选择 $m=200$。

表 3-3　不同高斯积分点数量下计算得到的 $p_G^*(\alpha,\mu)$

m	$\alpha=0.1$	$\alpha=1$	$\alpha=5$
5	0.9701255	2.0143635	11.077996
10	0.9770791	2.0139965	11.070676
20	0.9769659	2.0138868	11.071660
50	0.9769516	2.0138709	11.071798
100	0.9769507	2.0138699	11.071806
200	0.9769506	2.0138697	11.071807

3.4.3　算法有效性验证

为了验证算法的有效性，将计算得到的结果与 Johnson 发表的结果[12] 进行对比，包括：

① 不同 α 和 μ 取值时对应的经过赫兹接触压力分布 p_0 标准化的最大接触压力 $p_G(0)$；

② 不同 α 和 μ 取值时对应的经过赫兹接触半径 a 标准化的有效接触半径 a^*。

有效接触半径 a^* 的定义为[13]：

$$a^*=\frac{3\pi\int_0^{\bar{a}}rp_G(r)\mathrm{d}r}{4\int_0^{\bar{a}}p_G(r)\mathrm{d}r} \tag{3.45}$$

图 3-5(a) 为 $\mu=4$，17，$10^{-2}<\alpha\leqslant1$ 时 $p_G(0)/p_0$ 的对比结果。可以看出，当 $\mu=4$ 时，在 $0.02<\alpha<0.2$ 的范围内，当前计算结果与参考结果完全符合，当

$\mu=17$ 时，两者在较小的范围内（$0.045<\alpha<0.065$）符合。当 α 较大时，两者的差距比较明显。

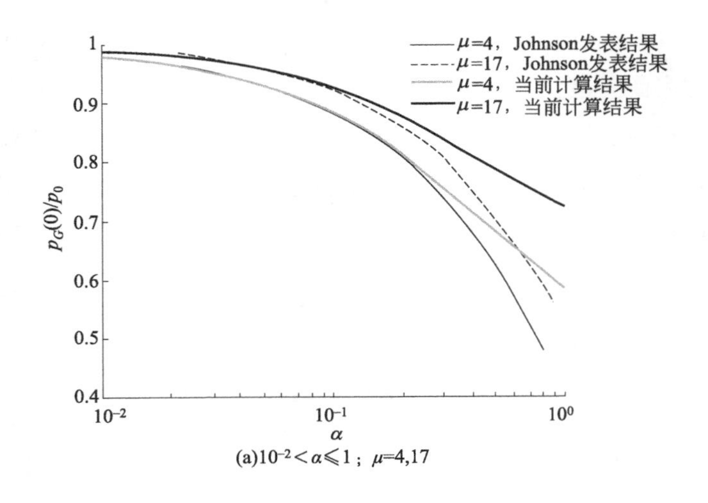

(a)$10^{-2}<\alpha\leqslant 1$；$\mu$=4,17

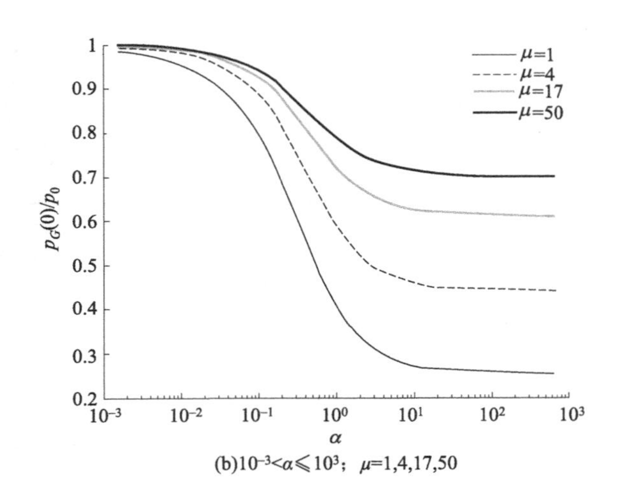

(b)$10^{-3}<\alpha\leqslant 10^3$；$\mu$=1,4,17,50

图 3-5　不同 α 和 μ 取值时 $p_G(0)/p_0$ 的计算结果

为了进一步对粗糙表面接触行为进行研究，计算了 α 和 μ 在更大取值空间对应的 $p_G(0)/p_0$，结果见图 3-5(b)。可以看出，在 μ 取不同值时，标准化后的最大接触压力与 α 的关系都表现出相同的形式，当 α 趋于 0 即接触面逐渐光滑时，$p_G(0)$ 无限接近 p_0，当 α 逐渐增大即接触面逐渐粗糙时，$p_G(0)/p_0$ 也逐渐趋近一个非零值，这一极限值随着 μ 值增大而增大。

图 3-6(a) 为 $\mu=4$，17，$10^{-2}<\alpha\leqslant 1$ 时 a^*/a 的对比结果。与 $p_G(0)/p_0$ 的

对比结果相似，对于 $\mu=4$，在 $0.02<\alpha<0.2$ 的范围内，当前计算结果与参考结果完全符合，对于 $\mu=17$，在 $0.06<\alpha<0.1$ 的范围内，当前计算结果与参考结果完全符合。

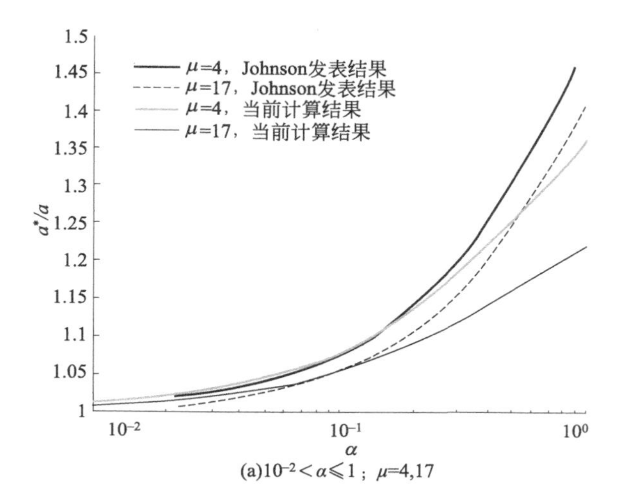

(a) $10^{-2}<\alpha\leqslant 1$；$\mu=4,17$

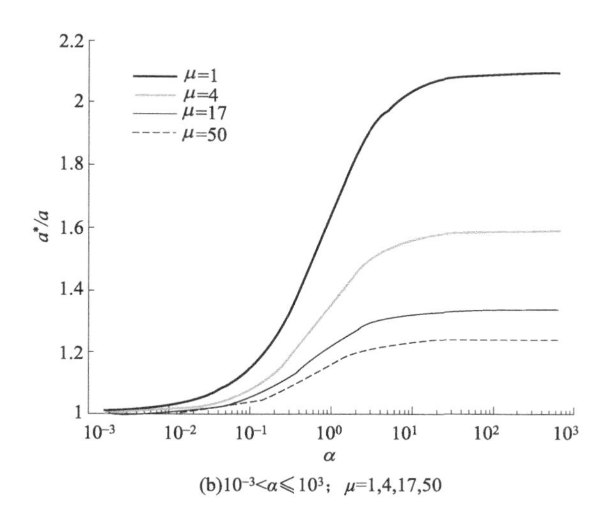

(b) $10^{-3}<\alpha\leqslant 10^{3}$；$\mu=1,4,17,50$

图 3-6　不同 α 和 μ 取值时 a^*/a 的计算结果

图 3-6（b）展示了 α 和 μ 在更大取值空间对应的 a^*/a，当 α 趋于 0 即接触面逐渐光滑时，a^*/a_0 无限趋近 1，当 α 逐渐增大即接触面逐渐粗糙时，a^*/a 也逐渐趋近一个非零的极限值，该值随着 μ 值增大而增大。

3.5 改进的弹性 GW 模型

经典的 GW 模型无法处理两个粗糙球体接触重叠量较大的情况，这是由于模型中假设变形只发生在表面突起处，没有考虑突起下部球体的变形。然而在离散元计算中，颗粒之间接触力计算的前提就是颗粒单元存在正向重叠量，因此需要对经典 GW 模型进行改进，得到适用于离散元计算的粗糙球体接触模型 E-GW。

3.5.1 模型描述

离散元模拟中粗糙球体之间的接触可以被分解为两部分：a. 两个重叠量为 δ 的颗粒单元产生接触；b. 颗粒表面突起会引起更大的附加变形。基于这一现象，将粗糙表面之间接触力的计算也分为两个部分，光滑表面之间的接触力再叠加表面突起产生的接触力。如图 3-7 所示（彩图见书后），绿色虚线代表与光滑表面接触后球体的变形（即赫兹接触力），红色实线代表与表面突起接触后球体的变形。将绿色虚线所在位置作为基准轴，该位置也表示表面突起的平均高度。

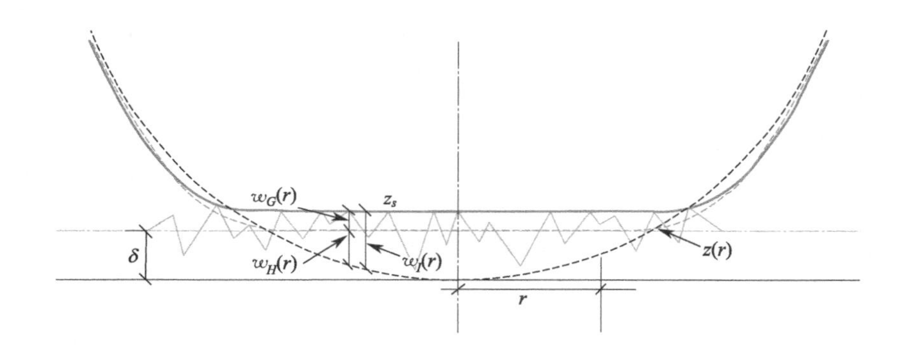

图 3-7 光滑球体与粗糙表面的接触

球体与光滑平面之间的接触力可以由赫兹定律计算得到，分别记为压力分布 $p_H(r)$、变形分布 $w_H(r)$ 以及总接触力 $P_H(\delta)$。

由突起引起的附加接触力可以由 GW 模型计算得到，这时将与光滑平面接触以后产生变形的球体作为初始形状：

$$z(r)=w_H(r)+\frac{r^2}{2R}-\delta \tag{3.46}$$

与凸面接触后的变形球同与光滑表面接触后的变形球之间的距离为：

$$d(r)=w_G(r)+z(r) \tag{3.47}$$

表面突起与绿色虚线之间的重叠量为：

$$\delta_G(r)=z_s-w_G(r)-z(r) \tag{3.48}$$

因此突起引起的接触压力分布 $p_G(r)$ 和变形分布 $w_G(r)$ 可以表示为：

$$p_G(r)=C\int_{d(r)}^{+\infty}[\delta_G(r)]^{3/2}\phi(z_s)\mathrm{d}z_s \tag{3.49}$$

$$w_G(r)=\frac{4}{\pi E}\int_0^{\bar{a}}\frac{t}{r+t}p_G(t)\boldsymbol{K}(k)\mathrm{d}t \tag{3.50}$$

总接触压力为赫兹接触压力与GW接触压力之和，因此总接触压力分布 $p(r)$ 和变形分布 $w(r)$ 为：

$$p(r)=p_H(r)+p_G(r) \tag{3.51}$$

$$w(r)=w_H(r)+w_G(r) \tag{3.52}$$

总接触力 $P(\delta,\sigma)$ 为赫兹接触力 $P_H(\delta)$ 与GW接触力 $P_G(\delta,\sigma)$ 之和，可以表示为：

$$P(\delta,\sigma)=P_H(\delta)+P_G(\delta,\sigma) \tag{3.53}$$

以上扩展模型在 δ 取值为0时就退化成了经典的GW模型。当 $\delta<-3\sigma$ 时，表面突起引起的接触压力 p_G 也为零，因为表面突起高度 z_s 出现在 $[-3\sigma,3\sigma]$ 范围内的概率为99.9%。

3.5.2 经典模型与改进模型之间的对比

本节对比了经典GW模型和改进E-GW模型总接触力，接触压力分布，变形分布之间的关系。

图3-8为 $\delta=0.01$ 时，表面粗糙度 σ 与无量纲总接触力 $P^*=P/P_H$ 之间的关系。其中粗糙度 σ 从0增加到0.01，无量纲系数 μ 的取值为1，4，10。在接触重叠量 δ 相同时，表面突起会引起附加接触力的存在，因此无量纲总接触力 P^* 应该始终大于1，并且随着表面粗糙度 σ 的增大而增大。

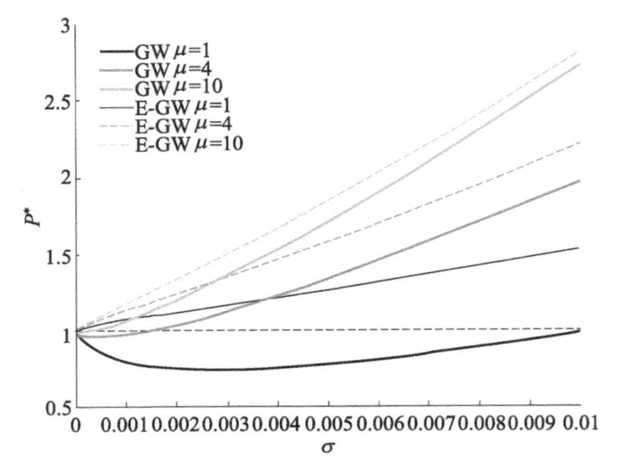

图 3-8 GW 模型与 E-GW 模型计算得到的总接触力

从图 3-8 可以看出，当 σ 逐渐减小为 0 时，由 GW 模型计算得到的无量纲总接触力 P^* 小于 0，即粗糙球体之间的总接触力小于光滑球体之间的接触力，这一结论显然与实际情况不符。对比来看，扩展的 E-GW 模型可以很好地描述随着表面粗糙度增加接触力也不断增加这一现象。

由经典 GW 模型及改进 E-GW 模型计算得到的压力分布与变形分布见图 3-9(a)（彩图见书后）和图 3-10(a)（彩图见书后）。为了便于研究两种模型计算结果的差别，在图 3-9(b) 和图 3-10(b) 中展示了每种结果与赫兹接触结果之间的差别。所有结果的计算参数为，$\delta=0.01$，$\mu=4$ 以及 $\sigma=10^{-5}$，10^{-4}，10^{-3}。

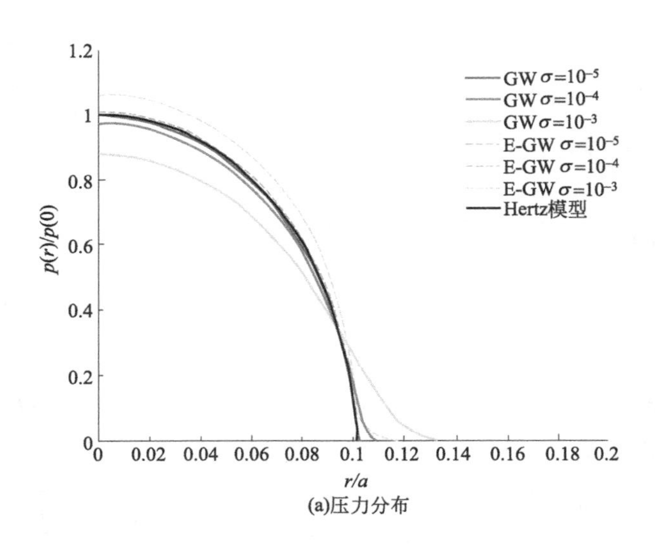

(a)压力分布

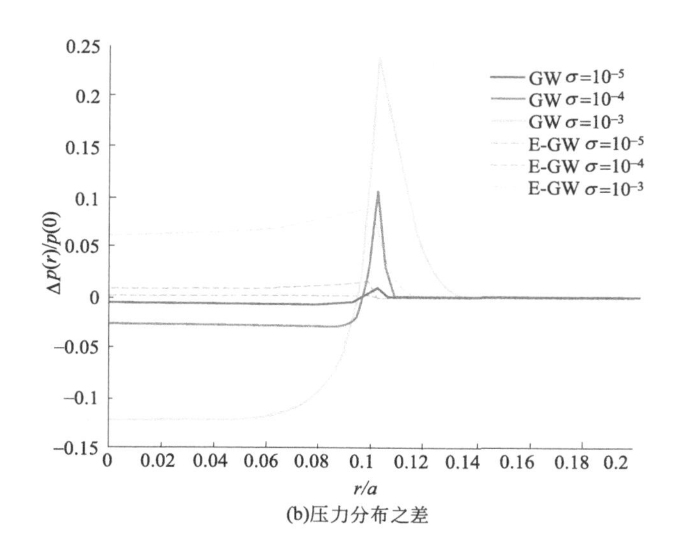

(b)压力分布之差

图 3-9　接触压力分布的比较

从图 3-9 中可以看出，随着表面粗糙度不断减小，两种模型的计算结果都不断接近赫兹定律计算得到的结果，此外由于表面粗糙度的存在，也导致了在更大的接触半径内产生接触变形。两种模型计算结果的不同之处在于，经典 GW 模型从下方不断向赫兹结果靠近，而改进的 E-GW 模型从上方不断向赫兹结果靠近。改进的 GW 模型可以再现随着表面粗糙度不断增大，接触压力和变形在原接触面积以内及以外都不断增大这一现象。

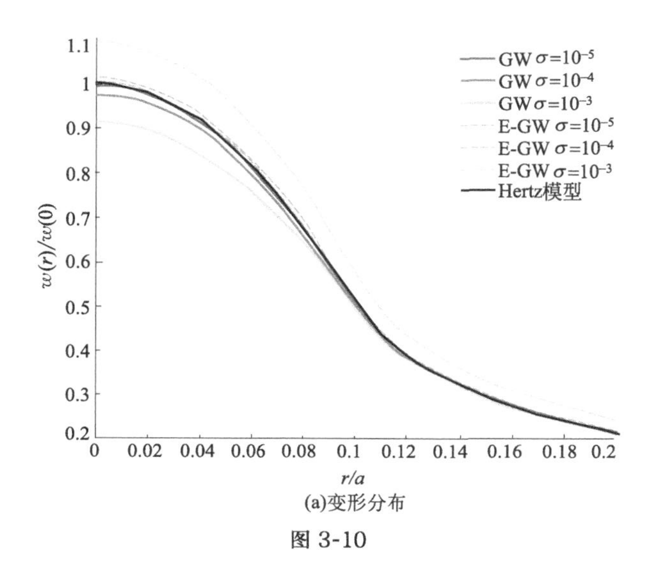

(a)变形分布

图 3-10

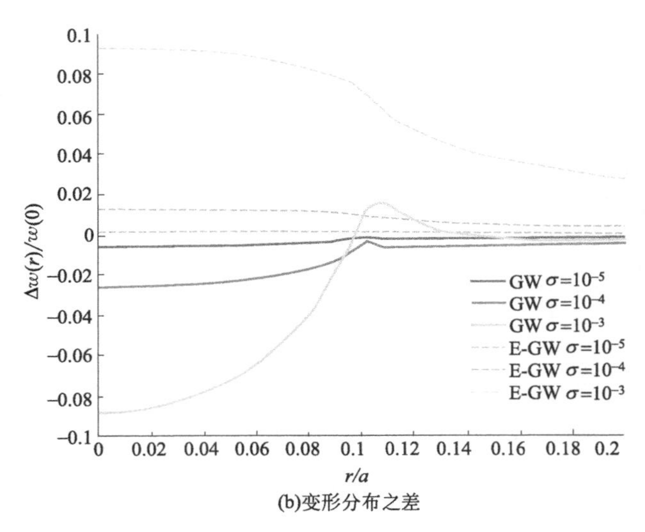

(b)变形分布之差

图 3-10　接触变形分布的比较

在离散元模拟中，两颗粒单元之间的重叠量是进行接触计算的前提，在这种情况下，表面粗糙度会引起附加的接触压力及接触变形，可以看出改进的 E-GW 模型对于粗糙球体接触行为的描述与离散元颗粒接触计算的要求相符，可以基于 E-GW 模型开发适用于离散元计算的接触模型。

3.5.3　基于 E-GW 模型的法向接触定律

接触压力、变形及总接触力的无量纲形式如下。

δ-形式：

$$p^*(r^*,\alpha)=p_H^*(r^*)+p_G^*(r^*,\alpha)$$
$$=\frac{2a^*}{\pi}\left(1-\frac{r^{*2}}{a^{*2}}\right)^{1/2}+\mu\int_{w_G^*(r^*,\alpha)}^{\infty}\left[z_s^*-w_G^*(r^*,\alpha)\right]^{3/2}\phi(z_s^*)\,\mathrm{d}z_s^* \tag{3.54}$$

$$w^*(r^*,\alpha)=w_H^*(r^*)+w_G^*(r^*,\alpha)$$
$$=\left(1-\frac{r^{*2}}{2a^{*2}}\right)+\frac{2}{\pi}\int_0^{\bar{a}^*}\frac{t^*}{t^*+r^*}p_G^*(t^*,\alpha)\boldsymbol{K}(k)\,\mathrm{d}t^* \tag{3.55}$$

$$P^*(\alpha,\mu)=P_H^*+P_G^*(\alpha,\mu)=1+\frac{3\sqrt{2}}{8}\int_0^{a}2\pi r^*p_G^*(r^*,\alpha)\,\mathrm{d}r^* \tag{3.56}$$

σ-形式：

$$p^*(r^*,\alpha')=p_H^*(r^*)+p_G^*(r^*,\alpha')$$
$$=\frac{2a^*}{\pi}\left(1-\frac{r^{*2}}{a^{*2}}\right)^{1/2}+\mu\int_{w_G^*(r^*,\alpha')}^{\infty}\left[z_s^*-w_G^*(r^*,\alpha')\right]^{3/2}\phi(z_s^*)\,\mathrm{d}z_s^* \tag{3.57}$$

$$w^*(r^*,\alpha')=w_H^*(r^*,\alpha')+w_G^*(r^*,\alpha')$$
$$=\alpha'\left(1-\frac{r^{*2}}{2a^{*2}}\right)+\frac{2}{\pi}\int_0^{\bar{a}^*}\frac{t^*}{t^*+r^*}p_G^*(t^*,\alpha')\mathbf{K}(k)\,\mathrm{d}t^* \tag{3.58}$$

$$P^*(\alpha',\mu)=P_H^*(\alpha')+P_G^*(\alpha',\mu)=1+\frac{3\sqrt{2}}{8}\int_0^{a}2\pi r^* p_G^*(r^*,\alpha')\,\mathrm{d}r^* \tag{3.59}$$

两粗糙颗粒之间的总接触力为：

$$P(\delta,\sigma)=P_H(\delta)P^*(\alpha,\mu)=P_H(\sigma)P^*(\alpha',\mu) \tag{3.60}$$

离散元中所用的接触模型通常为由接触重叠量 δ 和其他接触特征参数表示的显式表达式，为了使 E-GW 模型能方便地应用于离散元模拟中，通过对数值计算结果进行曲线拟合得到相应的无量纲接触力系数 $P^*(\alpha,\mu)$或 $P^*(\alpha',\mu)$。根据 α 的取值将计算区域划分为 3 个部分（图 3-11）。

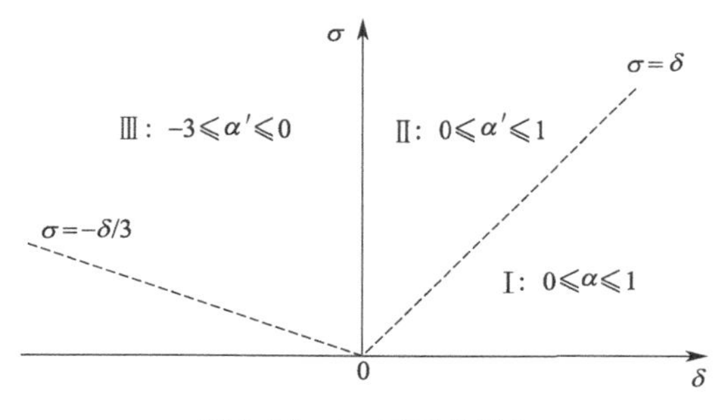

图 3-11　δ-σ 平面的划分

情况Ⅰ：$0\leqslant\alpha\leqslant1$；情况Ⅱ：$0\leqslant\alpha'\leqslant1$；情况Ⅲ：$-3\leqslant\alpha'\leqslant0$。3 种情况对应的拟合系数分别为 $P_1^*(\alpha,\mu)$、$P_2^*(\alpha',\mu)$ 以及 $P_3^*(\alpha',\mu)$。拟合系数同时需要满足以下连续性条件：

$$P_1^*(1,\mu)=P_2^*(1,\mu);P_2^*(0,\mu)=P_3^*(0,\mu) \tag{3.61}$$

（1）情况Ⅰ的经验公式

拟合过程可以概括为两步：

① 第一步，选定一系列 μ 的取值，对于给定的 μ，进行相应 $P_G^*(\alpha,\mu)$ 的曲线拟合，得到不同 μ 值对应的形式一致，参数取值不同的表达 α（或 α'）和 P_G^*

之间关系的拟合方程。

② 第二步，通过拟合找到 μ 与上述拟合方程参数之间的关系。

拟合所需的数值结果对应输入参数 μ 的取值为 $\mu=1$，2，4，10，20，35，50，对于每个 μ 值，相应的 α 为 [0,1] 范围内等距分布的 200 个值，α' 为 [−3,1] 范围内等距分布的 1000 个值。

情况Ⅰ下 $P_1^*(\alpha,\mu)$ 的数值计算结果如图 3-12(a) 中实线所示（曲线由上至下分别为 $\mu=50$、$\mu=35$、$\mu=20$、$\mu=10$、$\mu=4$、$\mu=2$、$\mu=1$ 及其各自拟合结果)，选择三次多项式对其进行拟合，注意该函数需要满足连续性条件：

$$P_{I1}^*(\alpha,\mu)=b_0(\mu)+b_1(\mu)\alpha+b_2(\mu)\alpha^2+b_3(\mu)\alpha^3 \tag{3.62}$$

改进模型在表面光滑 $\sigma=\alpha=0$ 的情况下可以退化为赫兹模型，所以有：

$$P_1^*(0,\mu)=1+P_{G1}^*(0,\mu)=1 \tag{3.63}$$

$$b_0(\mu)=1 \tag{3.64}$$

选择 $\alpha=0$，1/3，2/3，1 四个点作为函数 $P_1^*(\alpha,\mu)$ 的插值点，不同 μ 值所对应的拟合曲线如图 3-12(a) 中虚线所示。可以看出，拟合效果非常好。

多项式系数 $b_i(i=0,\cdots,3)$ 与 μ 的关系如图 3-12(b) 所示，通过非线性最小二乘方法拟合得到的拟合公式列于表 3-4 中。

表 3-4　情况Ⅰ中 ($0\leqslant\alpha\leqslant1$) 不同 μ 值对应的拟合多项式系数

μ	系数 b_i			
	b_0	b_1	b_2	b_3
1	1.0	0.6187	−0.0694	0.0513
2	1.0	0.9078	−0.0220	0.0593
4	1.0	1.2343	0.0938	0.0481
10	1.0	1.6938	0.3399	0.0085
20	1.0	2.0466	0.5777	−0.0344
35	1.0	2.3291	0.7919	−0.0745
50	1.0	2.5069	0.9361	−0.1018

系数拟合

b_0	1.0
b_1	$0.3484\ln(\mu)+0.6066\mu^{0.1642}$
b_2	$0.3176\mu^{0.3782}-0.4135$
b_3	$-0.07454/\mu-0.1737\mu^{0.2134}+0.2992$

(2) 情况Ⅱ的经验公式

情况Ⅱ下 P_2^* 的数值计算结果如图 3-13(a)（曲线由上至下分别为拟合曲线、

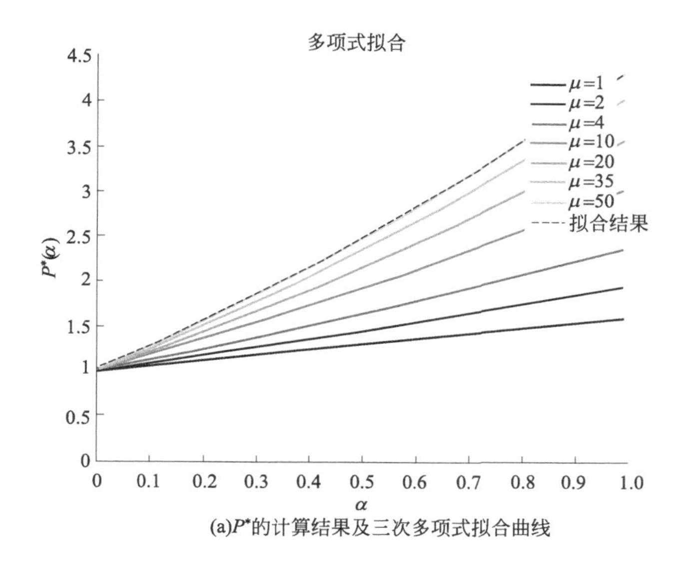

(a)P^*的计算结果及三次多项式拟合曲线

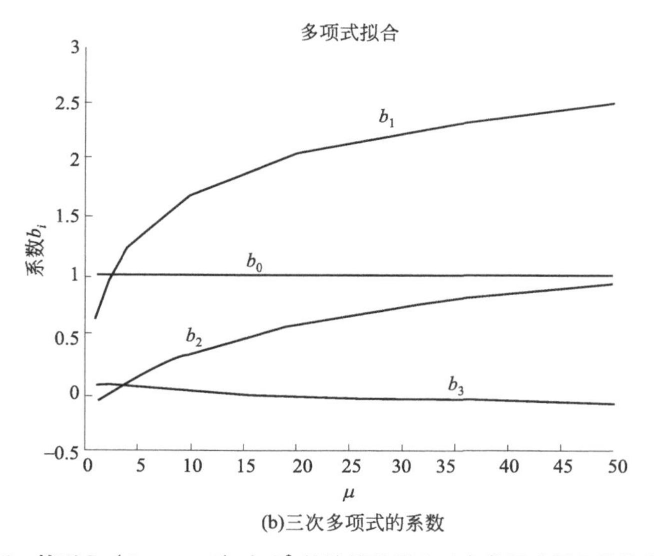

(b)三次多项式的系数

图 3-12 情况Ⅰ（$0\leqslant\alpha\leqslant1$）中 P^* 的计算结果及三次多项式拟合曲线和系数

$\mu=50$、$\mu=35$、$\mu=20$、$\mu=10$、$\mu=4$、$\mu=2$、$\mu=1$）中实线所示，选择二次多项式对其进行拟合，同样需要满足连续性条件：

$$P_2^*(\alpha',\mu)=b_0(\mu)+b_1(\mu)\alpha'+b_2(\mu)\alpha'^2 \tag{3.65}$$

选择 $\alpha'=0$，1/2，1 三个点作为函数 $P_{I2}^*(\alpha,\mu)$ 的插值点，不同 μ 值所对应的拟合曲线如图 3-13（a）中虚线所示，同样可以观察到非常好的拟合效果。

多项式系数 $b_i(i=0,\cdots,2)$ 与 μ 的关系如图 3-13(b) 所示，相应的拟合公式

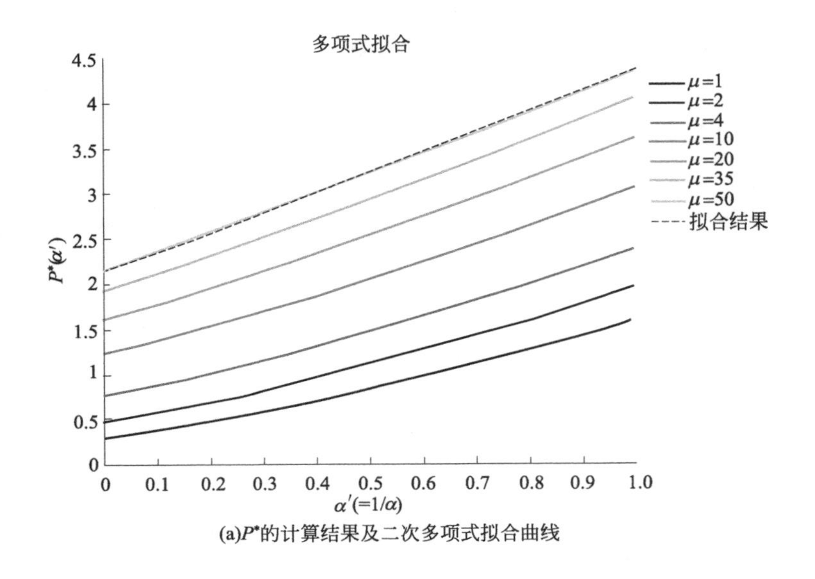

(a)P^*的计算结果及二次多项式拟合曲线

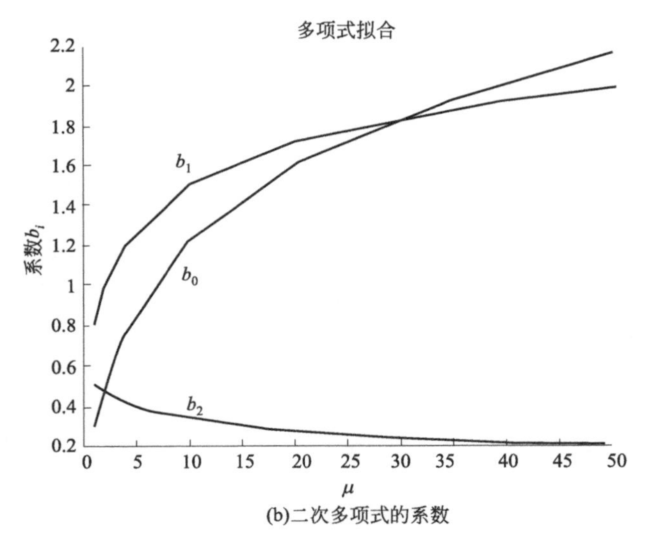

(b)二次多项式的系数

图 3-13 情况Ⅱ（$0\leqslant\alpha'\leqslant1$）中 P^* 的计算结果及二次多项式拟合曲线和系数

列于表 3-5 中。

表 3-5 情况Ⅱ（$0\leqslant\alpha'\leqslant1$）不同 μ 值对应的拟合多项式系数

μ	系数 b_i		
	b_0	b_1	b_2
1	0.3011	0.7960	0.5082
2	0.4989	0.9877	0.4630
4	0.7672	1.2044	0.4090

续表

μ	系数 b_i		
	b_0	b_1	b_2
10	1.2141	1.4986	0.3339
20	1.6022	1.7139	0.2781
35	1.9357	1.8810	0.2342
50	2.1544	1.9845	0.2066

系数拟合

b_0	$0.2284\ln(\mu)+0.2768\mu^{0.3913}$
b_1	$0.2688\ln(\mu)+0.7873\mu^{0.04508}$
b_2	$-0.0778\ln(\mu)+0.5132\mu^{-0.0008}$

(3) 情况Ⅲ的经验公式

同样地，选择四次多项式对 P_3^* 进行曲线拟合，并且需要满足连续性条件：

$$P_3^*(\alpha',\mu)=b_0(\mu)+b_1(\mu)\alpha'+b_2(\mu)\alpha'^2+b_3(\mu)\alpha'^3+b_4(\mu)\alpha'^4 \quad (3.66)$$

得到 $P_3^*(\alpha',\mu)$ 所需的 5 个插值点为 $\alpha=-3$，$-9/4$，$-6/4$，$-3/4$，0。拟合结果可见图 3-14［图 3-14(a) 中曲线由上至下分别为 $\mu=50$、$\mu=35$、$\mu=20$、$\mu=10$、$\mu=4$、$\mu=2$、$\mu=1$ 及其拟合曲线］和表 3-6。

表 3-6 情况Ⅲ（$-3\leqslant\alpha'\leqslant0$）不同 μ 值对应的拟合多项式系数

μ	系数 b_i				
	b_0	b_1	b_2	b_3	b_4
1	0.3011	0.4385	0.2431	0.0604	0.0057
2	0.4989	0.6638	0.3227	0.0665	0.0047
4	0.7672	0.8981	0.346	0.0408	−0.001
10	1.2141	1.1507	0.244	−0.0498	−0.0161
20	1.6022	1.2872	0.1058	−0.1316	−0.0277
35	1.9357	1.377	0.0012	−0.181	−0.0333
50	2.1544	1.4295	−0.0516	−0.1999	−0.0345

系数拟合

b_0	$0.2284\ln(\mu)+0.2768\mu^{0.3913}$
b_1	$-0.2862/\mu+0.191\ln(\mu)+0.7095$
b_2	$-0.5037/\mu-0.2005\ln(\mu)+0.7384$
b_3	$-0.2347/\mu-0.1473\ln(\mu)+0.226$
b_4	$-0.0338/\mu-0.0245\ln(\mu)+0.0005\mu+0.0387$

综上，基于改进 E-GW 模型的法向接触定律经验公式可以表示为：

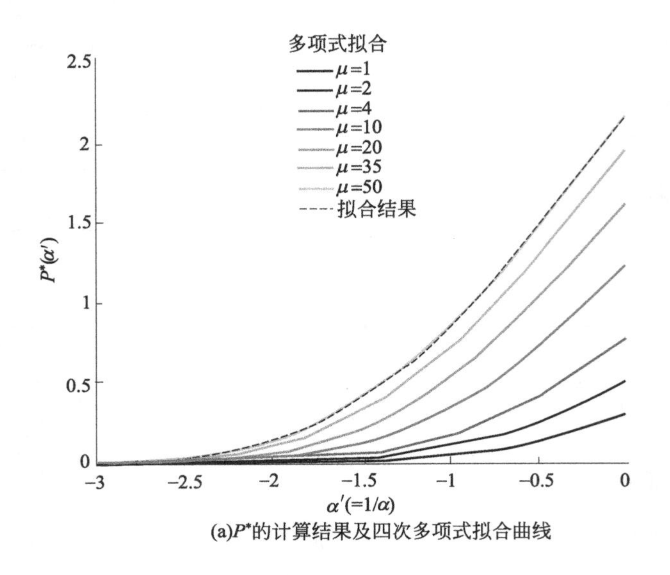

(a)P^*的计算结果及四次多项式拟合曲线

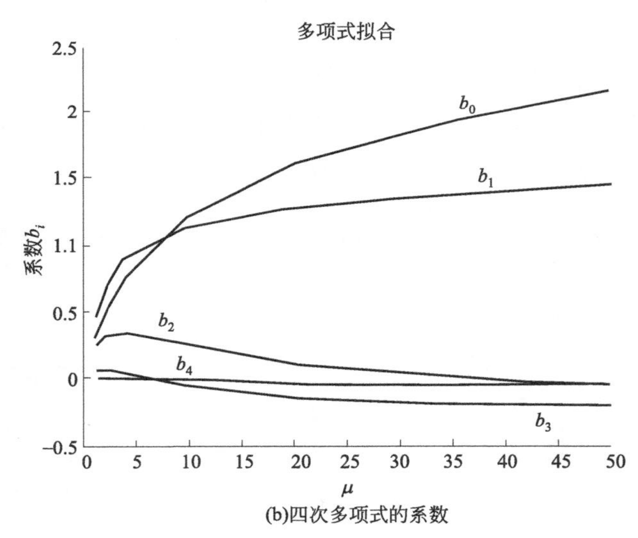

(b)四次多项式的系数

图 3-14 情况Ⅲ（$-3\leqslant\alpha'\leqslant 0$）中 P^* 的计算结果及四次多项式拟合曲线和系数

$$P(\delta,\sigma,\mu)=\begin{cases} P_H(\delta)P_1^*(\alpha,\mu); & \delta\geqslant\sigma \\ P_H(\sigma)P_2^*(\alpha',\mu); & 0<\delta<\sigma \\ P_H(\sigma)P_3^*(\alpha',\mu); & -3\sigma<\delta<0 \\ 0; & \delta<-3\sigma \end{cases} \tag{3.67}$$

3.5.4 E-GW 模型在离散元法中的应用

将以上基于改进 E-GW 模型得到的法向接触定律经验公式与现有离散元计算程序结合，通过数值模拟算例可以分析粗糙颗粒接触对颗粒集合整体力学行为的影响。需要注意的是，所有粗糙表面系数都是人为选取的，主要目的是为了说明表面粗糙度的影响规律。

颗粒材料特性如下：杨氏模量 $E=1\text{GPa}$，泊松比 $\nu=0.3$，密度 $\rho=2000\text{kg/m}^3$，摩擦系数 $f=0.2$。需要指出，对于不同的表面粗糙度选择相同的摩擦系数，是为了通过控制变量更好地观察表面粗糙度的影响程度。

在后续的模拟中，考虑了 4 种不同水平的相对表面粗糙度 $\sigma_r=$ (0.0，0.001，0.005，0.01)，其中 $\sigma_r=0.0$ 代表光滑表面。颗粒对应的表面粗糙度与颗粒半径成正比 $\sigma=\sigma_r r$。另一个粗糙度系数 μ 取值为 10 或 50。表面粗糙度 σ 代表了表面突起沿接触法向的不均匀性，表面粗糙度系数 μ 代表了表面突起在切向分布的密集程度及突起尺寸。图 3-15（彩图见书后）显示了不同粗糙度系数对应的球体粗糙表面形状。

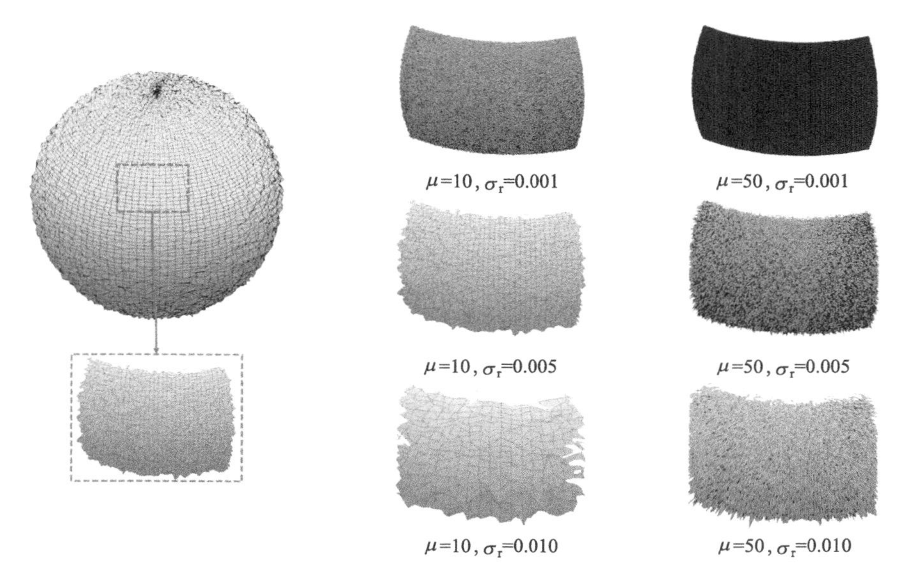

图 3-15 不同粗糙度系数对应的球体粗糙表面形状

不同表面粗糙度的颗粒（$R=1$）对应的法向接触定律如图 3-16(a)（彩图见书后）所示，图 3-16(b) 为重叠量 $\delta<0$ 时的局部放大图，可以明显看出，随着 σ_r

的增大，法向接触力的大小和范围都相应增大。

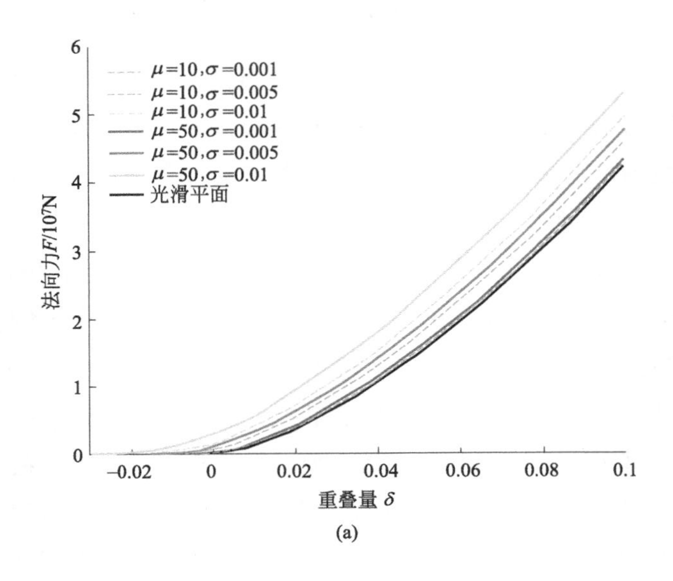

(a)

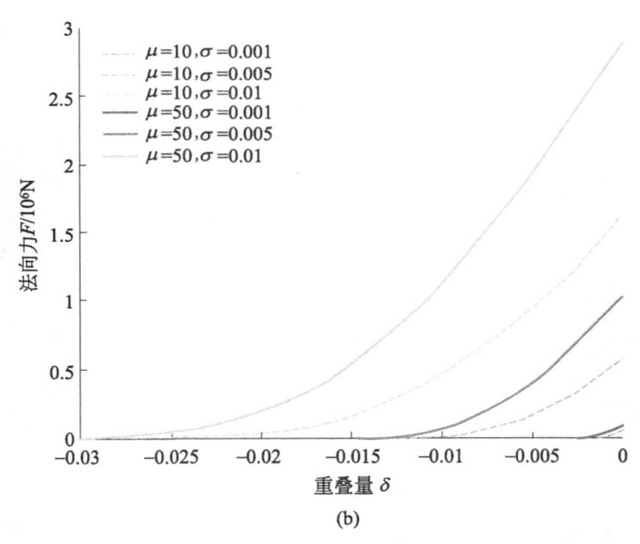

(b)

图 3-16　不同表面粗糙度系数对应的法向接触定律

当前的法向接触定律考虑了粗糙颗粒在接触发生不同阶段的力学行为，在两个粗糙颗粒产生接触的初始阶段，只有很少一部分突起产生接触，接触力缓慢增长（情况Ⅲ）；随着颗粒之间重叠量不断增大，粗糙颗粒之间的接触力也开始快速增长（情况Ⅰ和情况Ⅱ）。不同于线性接触定律和赫兹定律，在随机法向接触定律中，重叠量与接触力之间的指数关系不再是常数，可以更好地反映粗糙颗粒的接触行为。

以下通过压缩试验说明表面粗糙度对颗粒集合宏细观力学特性的影响。在尺寸为 60cm 的立方体空间内随机生成粒径分布满足高斯分布的颗粒（平均半径为 1cm，相对偏差为 0.25），颗粒的总数量为 14812。

对以上颗粒集合进行两种不同方式的加载：单轴压缩及三轴压缩。对于单轴压缩试验，首先使颗粒试样在初始状态下达到 0.5MPa 的各向同性压力状态，试样的上下边界设置为刚性墙边界，侧向设置为周期边界，通过在垂直方向移动墙体进行加载［图 3-17（a）］。对于三轴压缩，初始状态的各向同性压力为 5MPa，试样的六个边界均为刚性墙边界［图 3-17（b）］，通过在垂直方向移动上下墙体进行加载，并通过伺服机制控制侧向压力一直保持为 5MPa。

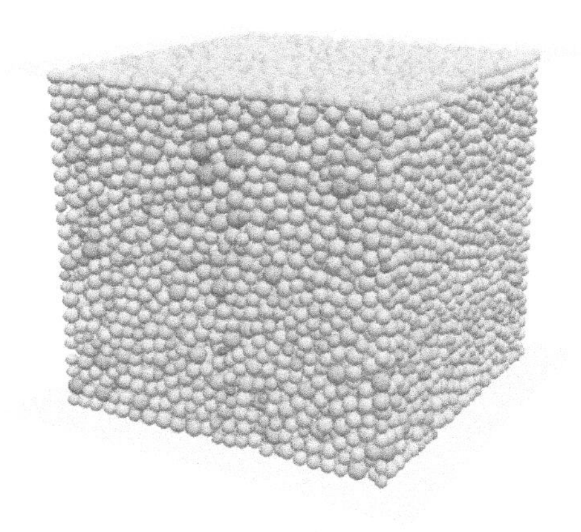

(a)单轴压缩

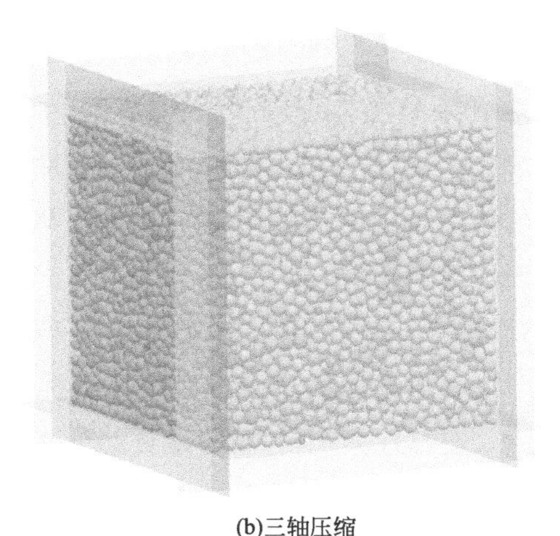

(b)三轴压缩

图 3-17　数值试样

（1）单轴压缩

图 3-18 为不同粗糙度系数对应的颗粒试样达到各向同性应力水平 0.5MPa 的初始孔隙率。随着表面粗糙度 σ_r 的增加，孔隙率也以近似线性关系逐渐增大，对于 $\mu=10$，孔隙率从 0.5670 增加到 0.5745；对于 $\mu=50$，孔隙率从 0.5670 增加到 0.5790。可以看出，随着颗粒粗糙度的增大，颗粒集合的初始状态会变得更为松散，可以通过法向接触力的分布情况做进一步的分析。

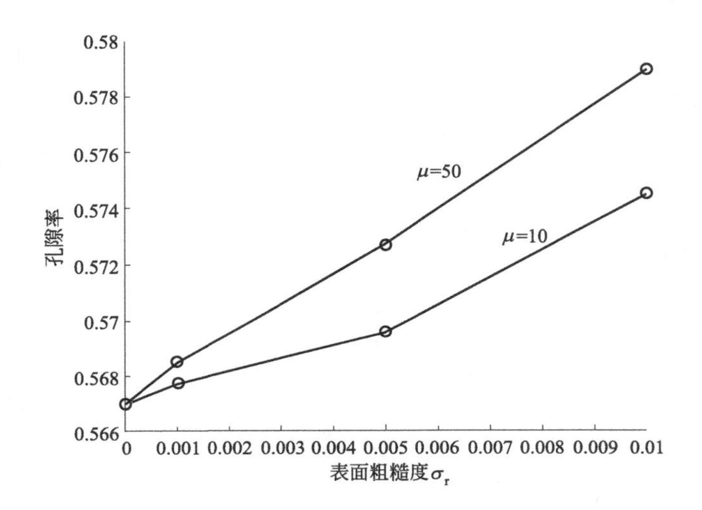

图 3-18　不同粗糙度系数对应的颗粒集合初始孔隙率

图 3-19（彩图见书后）显示了不同表面粗糙度试样的法向接触力。上文提到，随机法向接触定律被分为情况Ⅰ（$\sigma\leqslant\delta$）、情况Ⅱ（$0\leqslant\delta<\sigma$）、情况Ⅲ（$-3\sigma\leqslant\delta<0$）三种情况。在图 3-19 中，红色力链对应情况Ⅰ的接触、黄色对应情况Ⅱ的接触、蓝色对应情况Ⅲ的接触。可以直观地看出，随着表面粗糙度的增大，属于情况Ⅱ和情况Ⅲ的接触逐渐增多。

表 3-7 列出了 6 种不同粗糙颗粒集合中三种不同情况对应接触数量所占的比例。显然对于 $\sigma_r=0$ 的光滑颗粒，随机法向接触定律退化为赫兹定律，所有接触都处于情况Ⅰ的范围之内。粗糙度系数 σ_r 和 μ 对接触力链所占比例的影响程度不同，σ_r 直接划分不同情况的范围，所以影响程度较大。无论是 $\mu=10$ 还是 $\mu=50$，当 σ_r 由 0.001 增大到 0.01 时，属于情况Ⅰ的接触数目比例从 90%下降到 10%。

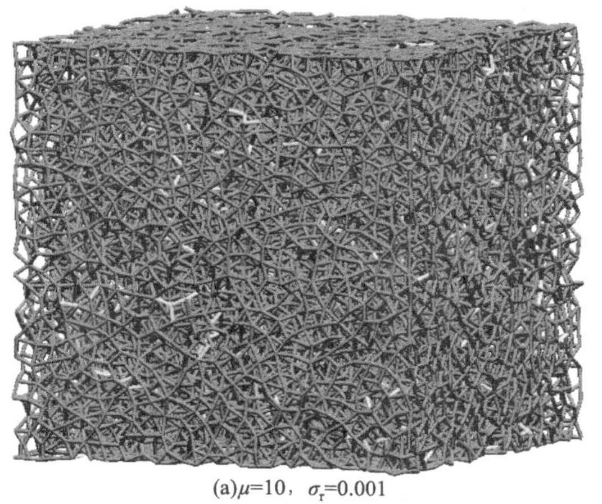

(a)μ=10，σ_r=0.001

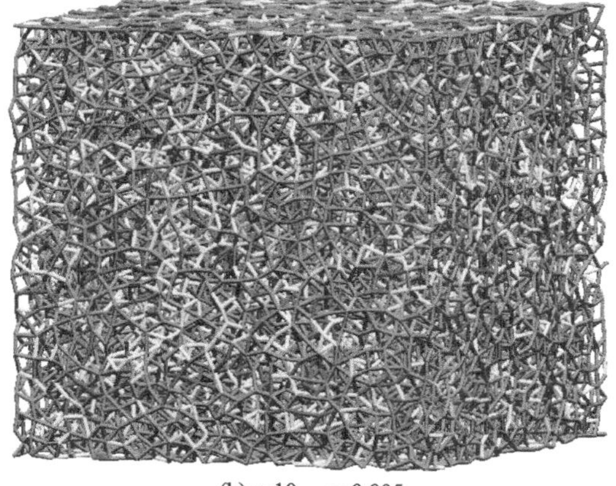

(b)μ=10，σ_r=0.005

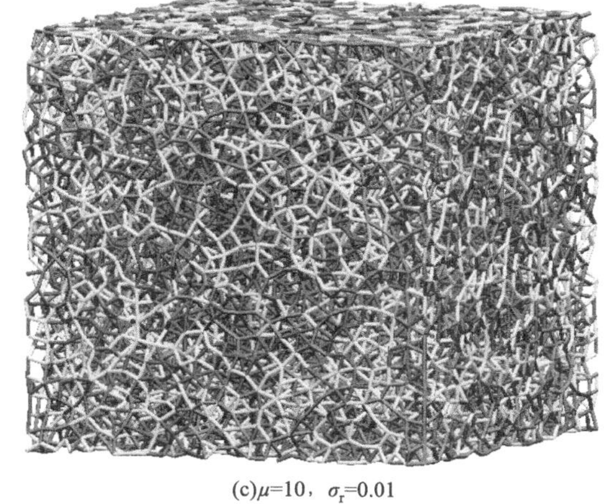

(c)μ=10，σ_r=0.01

图 3-19

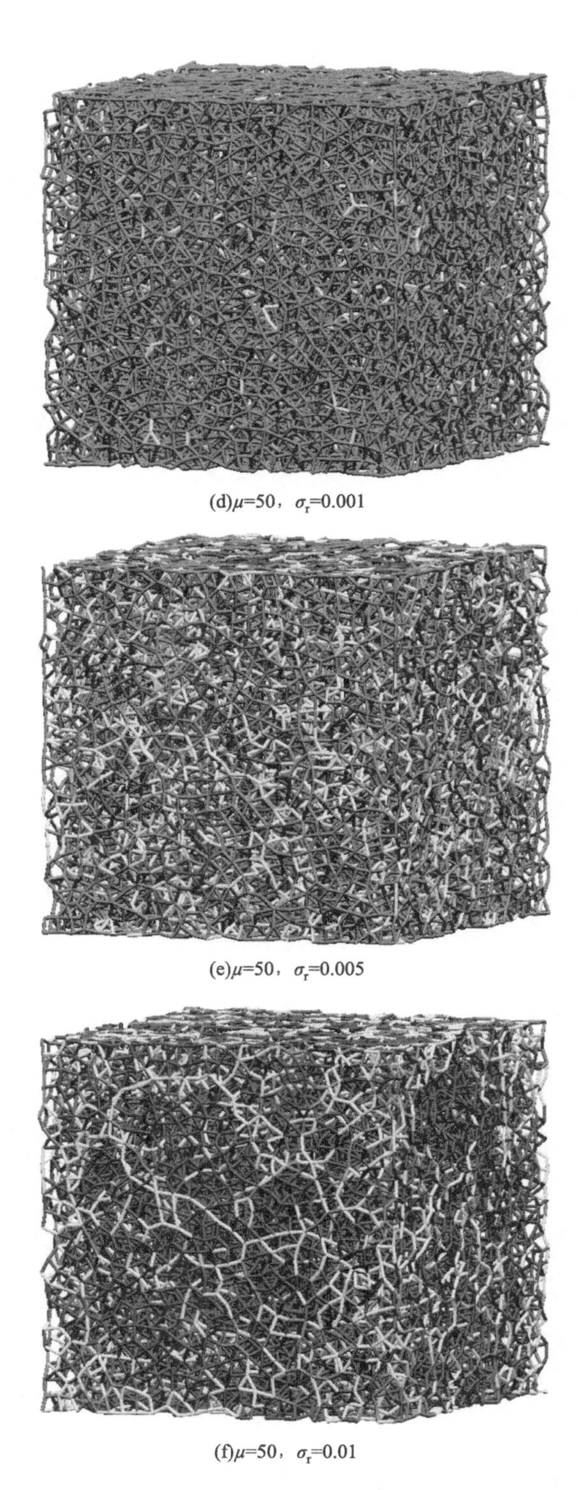

(d)μ=50，σ_r=0.001

(e)μ=50，σ_r=0.005

(f)μ=50，σ_r=0.01

图 3-19 不同粗糙度系数对应的初始颗粒集合的法向接触力链分布

表 3-7　不同接触情况对应的接触力链数目（单轴压缩）

情况	$\mu=10$			$\mu=50$		
	$\sigma_r=0.001$	$\sigma_r=0.005$	$\sigma_r=0.01$	$\sigma_r=0.001$	$\sigma_r=0.005$	$\sigma_r=0.01$
Ⅰ	91.07%	38.29%	6.58%	88.63%	26.54%	2.25%
Ⅱ	3.94%	28.33%	25.93%	4.59%	25.09%	12.42%
Ⅲ	4.99%	33.83%	67.49%	6.78%	48.37%	85.33%

情况Ⅱ的接触数目比例表现出先增大后减小的规律，情况Ⅲ的接触数目比例逐渐增大。对于所有的 σ_r 取值，随着 μ 的增大，情况Ⅲ的接触数目比例增大，而情况Ⅰ和情况Ⅱ的接触数目比例不断减小。

图 3-20 为不同粗糙度颗粒集合的法向接触分布，平均法向接触力及法向接触定律。

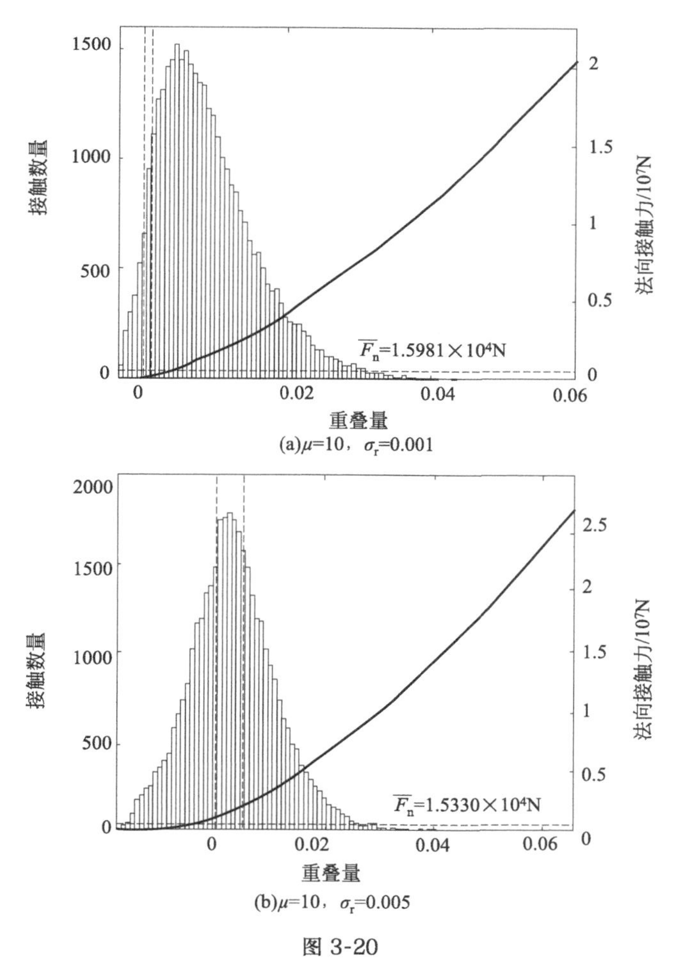

(a)μ=10，σ_r=0.001

(b)μ=10，σ_r=0.005

图 3-20

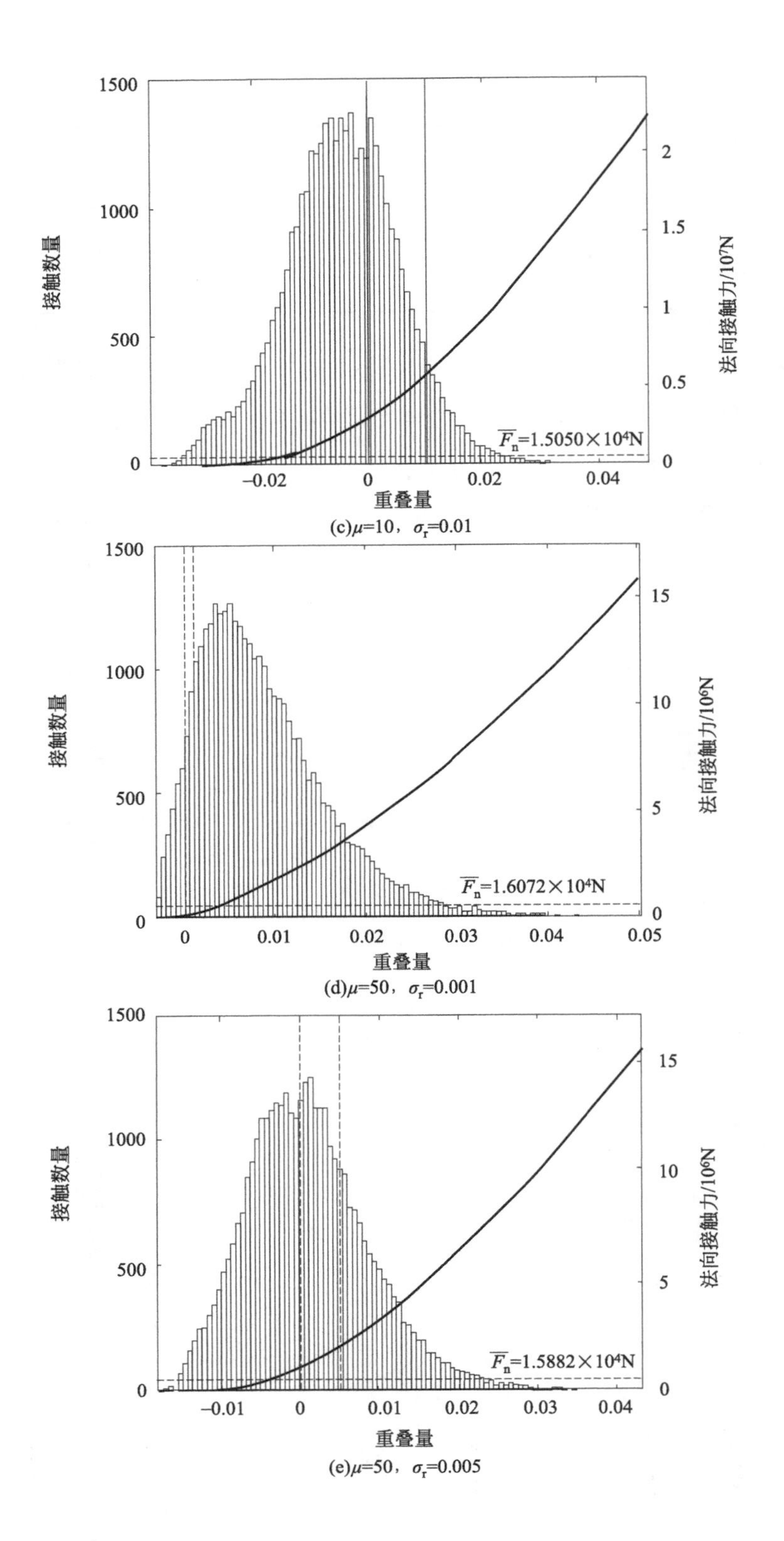

(c)μ=10，σ_r=0.01

(d)μ=50，σ_r=0.001

(e)μ=50，σ_r=0.005

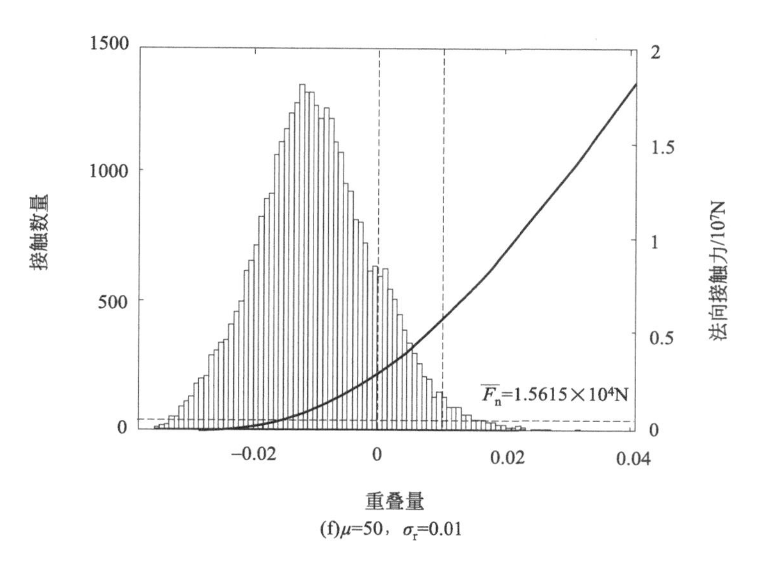

(f)μ=50，σ_r=0.01

图 3-20 不同粗糙度对应的法向接触定律及法向接触分布

实线为法向接触力与颗粒单元重叠量之间的关系，水平虚线为平均法向接触力，垂直虚线划分出了三种接触情况，直方图显示了不同颗粒单元重叠量对应的法向接触数目。六种颗粒集合初始的应力状态相同，所以平均法向接触力都在(1.5～1.6)×10^4N 的范围内。随着粗糙度 σ_r 增大，颗粒之间可能发生接触的范围增大，但更多法向接触力取值较小，最终导致平均法向接触力逐渐减小。平均法向接触力（水平虚线）与法向接触定律（实线）的交点表明了当前情况下最有可能产生接触的颗粒重叠量。当 σ_r=0.001 时，对于所有的 μ 值，上述交点位于情况Ⅰ的范围内，同时绝大部分的法向接触也处于情况Ⅰ的范围内。当 σ_r=0.005，μ=10 时，交点位于情况Ⅱ和情况Ⅲ的交界位置，属于情况Ⅱ的接触数量占比（28.33%）与属于情况Ⅲ的接触数量占比（33.83%）相差不大。当 σ_r=0.005，μ=50 时，交点位于情况Ⅲ的范围内，这也导致属于情况Ⅲ的接触数量占比（48.37%）将近为属于情况Ⅱ的接触数量占比（25.09%）的 2 倍。当 σ_r=0.01 时，交点位于情况Ⅲ的范围内，绝大部分的法向接触也处于情况Ⅲ的范围内。

单轴压缩试验的终止条件为轴向应变达到 0.2。图 3-21(a)（彩图见书后）为七种颗粒集合对应的应力应变关系，图 3-21(b) 为相应的配位数变化规律，可以看出，光滑颗粒集合对应的配位数最小。随着粗糙度系数 σ_r 的增大，配位数也逐渐增大，但粗糙度系数 μ 对配位数呈现出相反的影响规律。

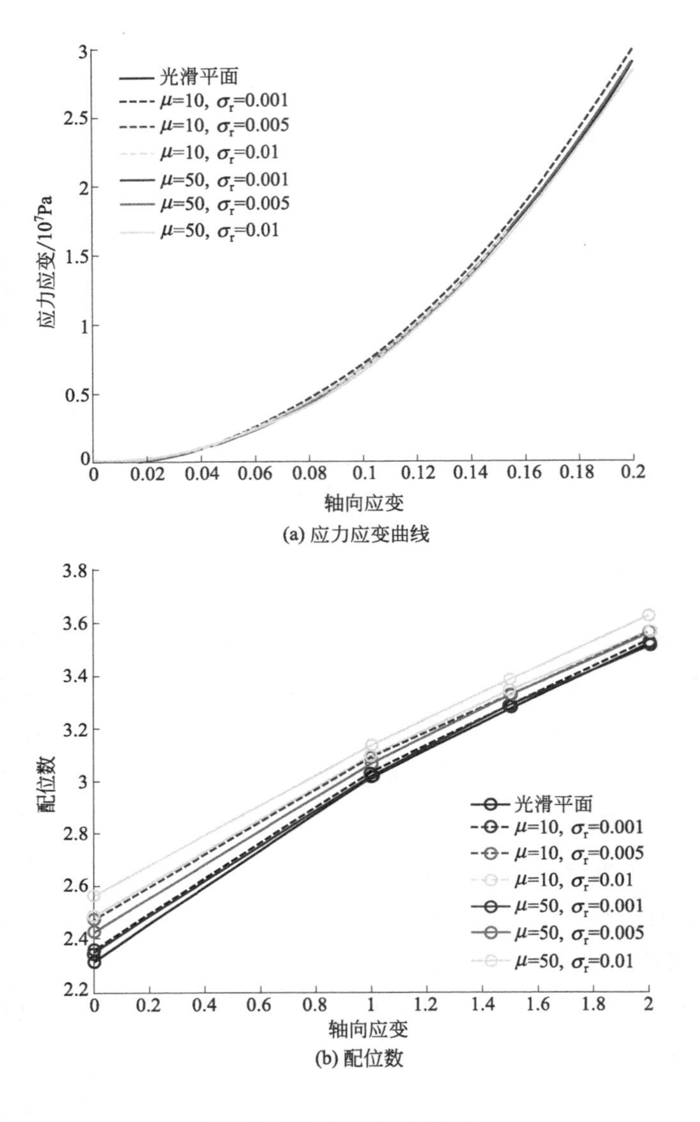

图 3-21 单轴压缩试验结果

接触压力与粗糙度系数 σ_r 和 μ 的关系比较复杂，需要综合考虑配位数、接触法向分布以及法向接触定律的影响。颗粒之间的接触力（包括接触数量以及接触力的大小）决定了颗粒集合的整体应力水平。随着粗糙度系数增大，情况Ⅱ和情况Ⅲ对应的接触力范围也不断扩大。

图 3-22(a)（彩图见书后）显示了轴向应变在 0.09～0.1 范围内的应力应变曲线。粗糙度系数为 μ＝10，σ_r＝0.005 的颗粒试样产生了最大的应力，粗糙度系数

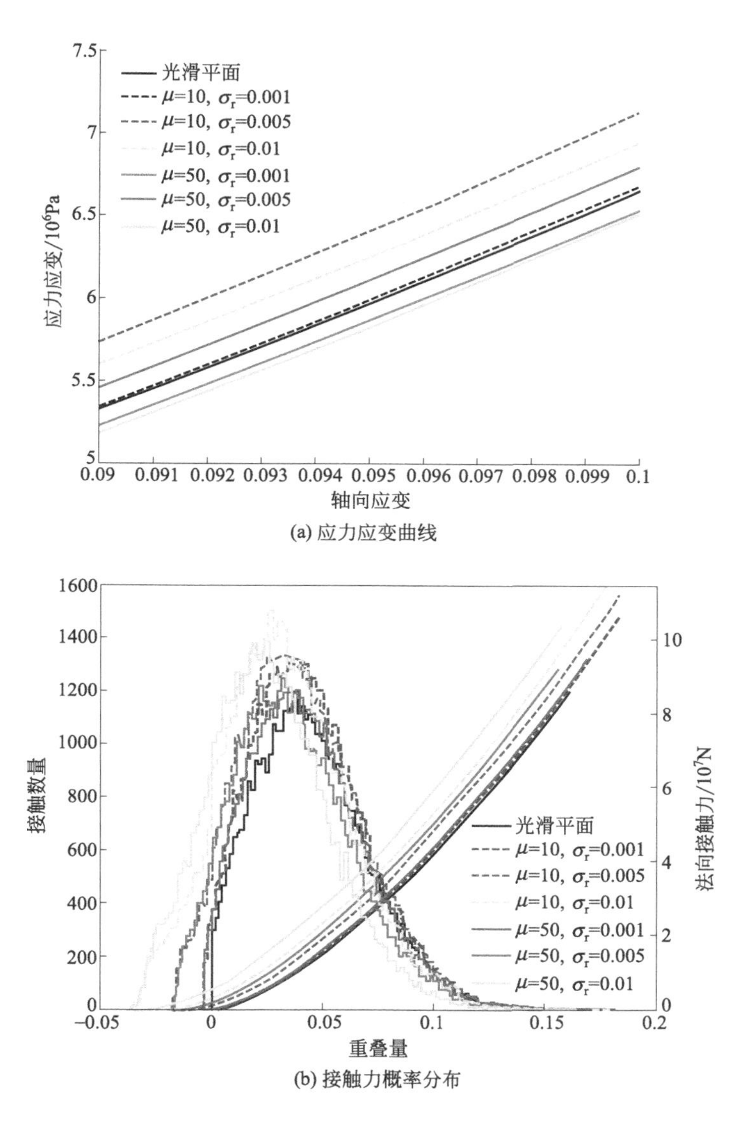

图 3-22 轴向应变在 0.09～0.1 范围内的应力应变曲线及对应法向接触分布

为 $\sigma_r=0.001$ 的颗粒试样应力最小。这是因为随着 σ_r 增大，两颗粒之间产生接触的范围不断增大，即属于情况Ⅲ的接触数量不断增大，所以当 σ_r 由 0.001 增大到 0.005 时，应力不断增大。但情况Ⅲ对应的接触力通常较小，这就会带来此消彼长的关系，如果接触数量的增大幅度不足以弥补对接触力的减弱程度，则应力水平又会减小，所以当 σ_r 由 0.005 增大到 0.01 时，应力又逐渐减小。对于不同的 σ_r，$\mu=10$ 的应力大于 $\mu=50$ 对应的结果，这是因为 $\mu=50$ 的颗粒集合较松散，总的接触数量较少。

当轴向应变为0.15和0.2时，不同粗糙度下应力之间的差距逐渐减小，见图3-23、图3-24（彩图见书后）。对于σ_r=0.01，随着压缩过程的进行，属于情况Ⅰ和情况Ⅱ的接触数量增多，属于情况Ⅲ的接触数量减少，应力值逐渐增大，见图3-25。对于σ_r=0.001，情况Ⅰ及情况Ⅲ对应的接触范围较小，大部分接触属于情况Ⅰ。粗糙度σ_r=0.005对应的应力值最大，跟σ_r=0.01相比，更多的接触属于情况Ⅰ，即单个接触力的值较大；跟σ_r=0.001相比，情况Ⅱ及情况Ⅲ包含的接触范围更大，即总接触

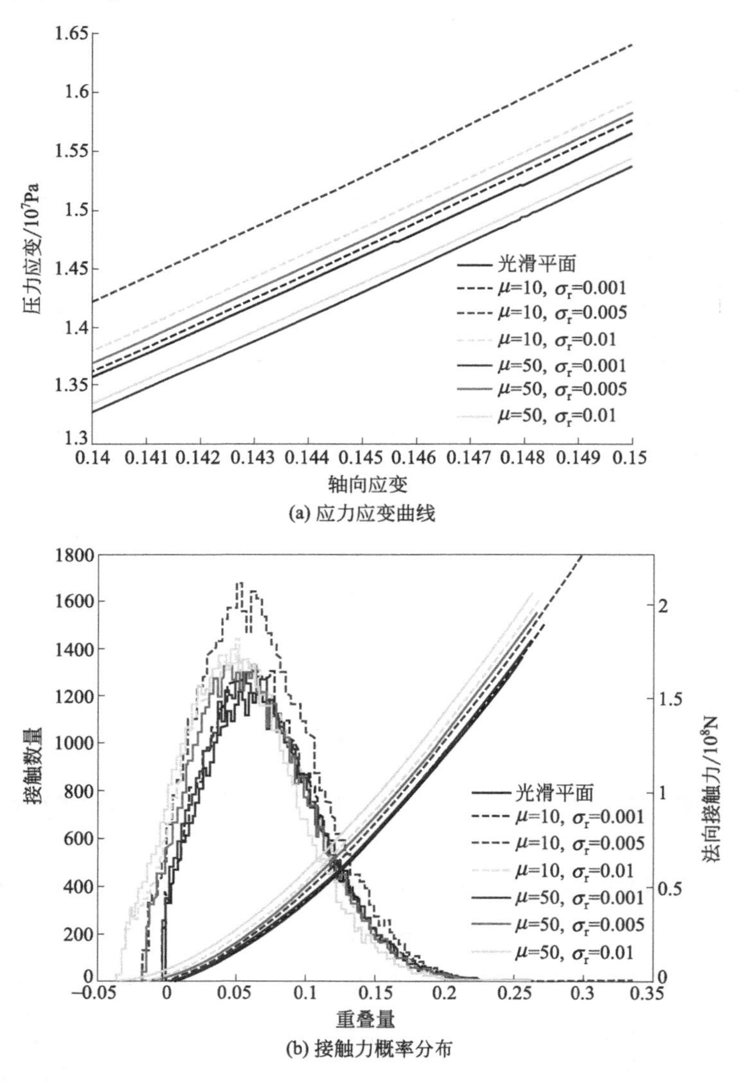

图3-23 轴向应变为0.14～0.15时的应力应变曲线及对应法向接触分布

数量较多，以这两个原因共同作用导致 $\sigma_r=0.005$ 时的应力最大。

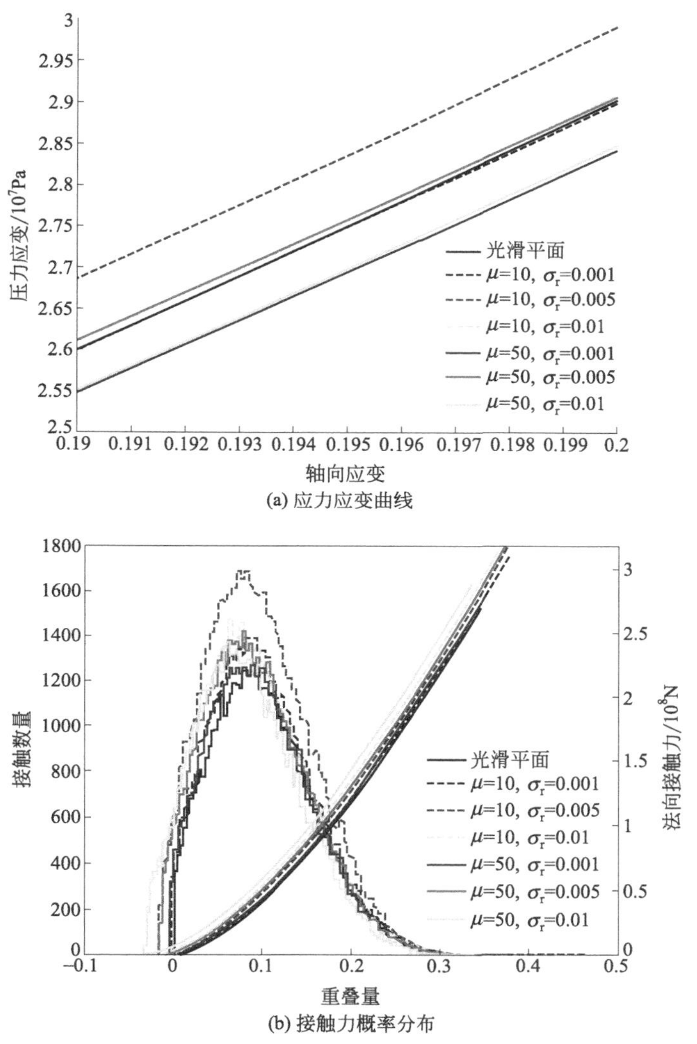

(a) 应力应变曲线

(b) 接触力概率分布

图 3-24 轴向应变为 0.2 时的应力应变曲线及对应法向接触分布

综上，表面粗糙度使得颗粒集合的初始排列更为松散，当颗粒集合受到单轴压缩作用时，处于中间粗糙度取值的颗粒集合表现出更高的强度。

（2）三轴压缩

三轴压缩试验颗粒集合初始各向同性应力水平为单轴压缩试验的 10 倍，即 5MPa。相比于单轴压缩试验的初始颗粒集合，法向接触分布在密实颗粒集合中表现出了不同的特性。

表 3-8 列出了 6 种不同粗糙颗粒集合中三种不同情况对应接触数量所占的比例。对于所有颗粒集合，绝大部分颗粒接触都属于情况Ⅰ，在 5MPa 的围压下，颗粒之间的接触力也更大，与围压 0.5MPa 时的情况相比，更多的接触满足情况Ⅰ。

对不同颗粒集合进行三轴压缩试验，计算终止条件为轴向应变达到 0.3。图 3-26(a) 为七种颗粒集合对应的应力应变关系，图 3-26(b) 为相应的配位数变化规律（彩图见书后）。

可以看出，与单轴压缩时不同粗糙度颗粒集合的应力应变曲线相比，三轴压

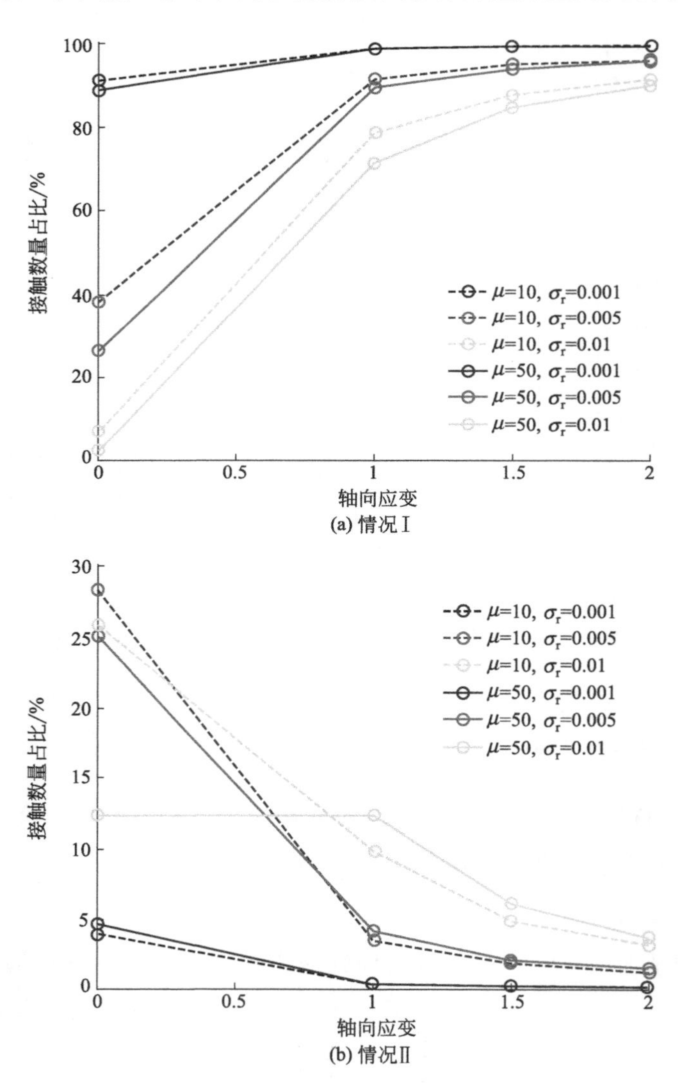

(a) 情况Ⅰ

(b) 情况Ⅱ

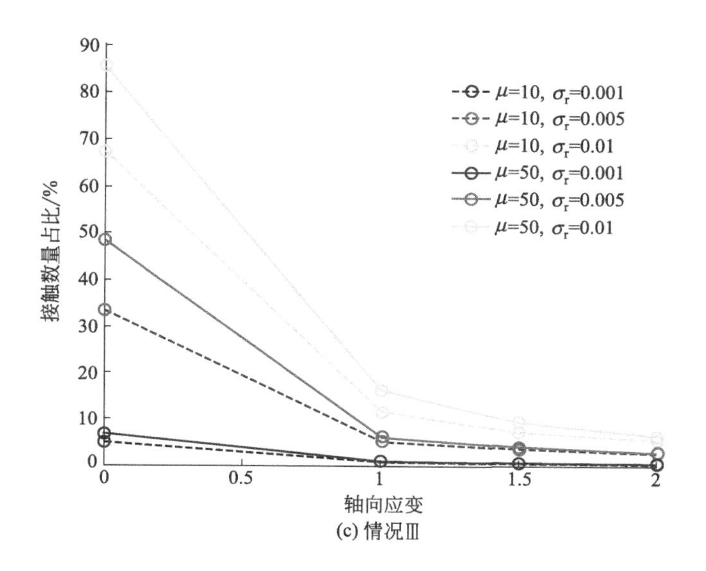

(c) 情况Ⅲ

图 3-25　三种情况下接触占比与应变的关系

表 3-8　不同接触情况对应的接触力链数目（三轴压缩）

情况	μ=10			μ=50		
	σ_r=0.001	σ_r=0.005	σ_r=0.01	σ_r=0.001	σ_r=0.005	σ_r=0.01
Ⅰ	99.0%	93.75%	84.21%	98.82%	92.38%	76.39%
Ⅱ	0.33%	2.42%	8.32%	0.28%	3.08%	11.76%
Ⅲ	0.67%	3.83%	7.47%	0.90%	4.54%	11.85%

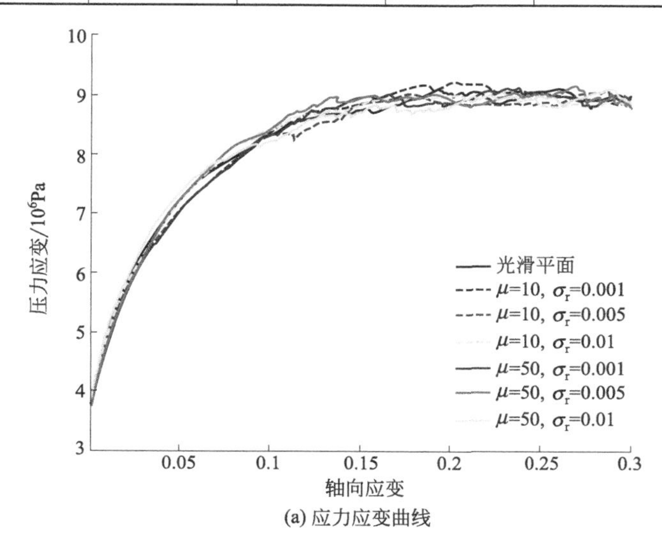

(a) 应力应变曲线

图 3-26

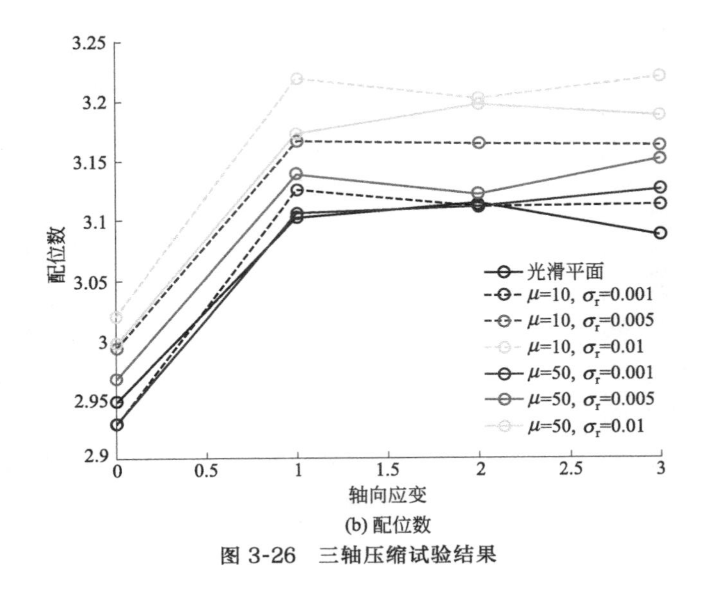

(b) 配位数

图 3-26 三轴压缩试验结果

缩不同颗粒集合的应力应变曲线之间差别很小，造成这一结果的原因有以下两个：

① 根据表 3-8 的结果，由于初始情况下各向同性应力值较大，不同颗粒集合的接触分布差别不大；

② 在加载过程中，侧向围压一直保持在 5MPa，使得不同颗粒集合的密实程度基本相同，这也导致了不同颗粒集合表现出了相似的宏观力学行为。

从图 3-27 中也可以看出，不同接触情况下接触数量所占比例在整个加载过程中变化幅度不大。

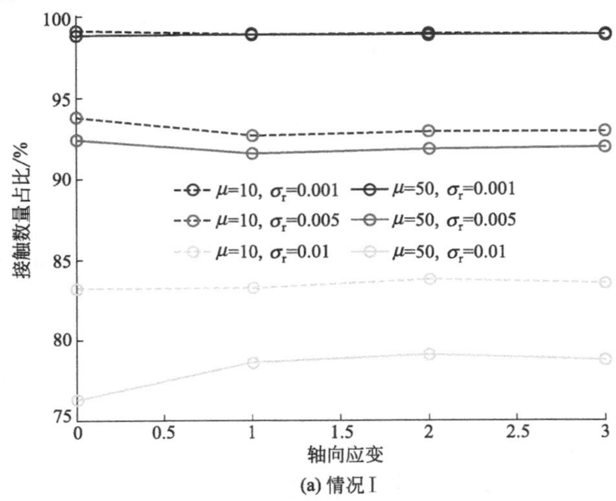

(a) 情况Ⅰ

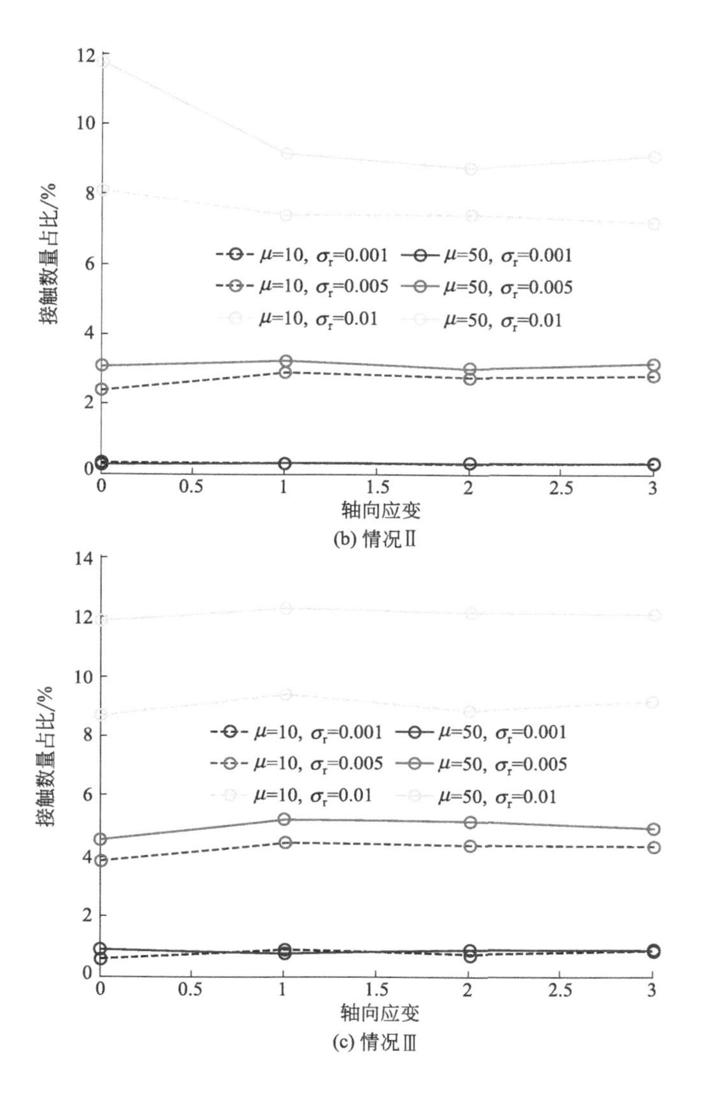

(b) 情况Ⅱ

(c) 情况Ⅲ

图 3-27　三种情况下接触数量占比与应变的关系

综上，由于颗粒的表面粗糙度主要在接触的初始阶段产生作用，所以对松散颗粒集合的影响更为显著，当颗粒集合达到密实状态时，表面突起处下部球体的变形是产生接触力的主要原因，此时颗粒粗糙度对颗粒集合的整体力学行为影响不大。与杨氏模量、泊松比以及密度等其他颗粒单元属性相比，颗粒的表面粗糙度对颗粒集合的整体力学行为来说起次要作用，但是对于排列松散的颗粒集合来说，表面粗糙度的影响是不能忽略的。

3.6 改进的弹塑性 EP-GW 模型

当两粗糙颗粒重叠量较大时，表面处的突起也会发生较大变形，进入塑性变形阶段。因此，在 GW 模型中假设表面突起只发生弹性变形对这种情况就不再适用，因此需要发展可以考虑表面突起塑性变形的接触模型。

3.6.1 塑性接触模型

在粗糙表面接触问题和光滑球体接触问题的研究领域中存在着一系列塑性接触模型，这些模型可以被分为解析模型[14-17] 和半解析模型[18-21] 两类，两类模型各有优缺点。

实际中材料在接触过程的不同阶段会表现出不同的接触行为，解析模型正是基于这一前提所建立。早期的解析模型通常将接触过程分为弹性阶段和塑性阶段两个阶段，现在主流的解析模型会将接触过程分为弹性阶段、弹塑性阶段和塑性阶段三个阶段。通过定义与材料属性相关的临界颗粒重叠量指明每一阶段的开始时刻。在弹性阶段，采用由赫兹定律描述的力位移关系，即满足指数为 1.5 的幂律关系；在塑性阶段，采用线性模型描述力位移关系。对于连接弹性阶段和塑性阶段的过渡阶段，采用某些数学方法将弹性阶段的幂律关系和塑性阶段的线性关系光滑连接。解析模型可以被用来模拟各种不同材料的接触行为，但由于模型前提假设较多，使得其并不能很好地再现实验结果。

半解析模型基于实验结果或者数值模拟结果，可以很好地描述某种特定材料的接触行为，但需要花费大量精力对模型中包含的参数进行标定。

为了比较不同弹塑性模型描述的变形行为，图 3-28 给出了六种不同弹塑性模型对应的力位移关系，由下至上（以右侧为准）分别为 Thornton 模型[16]、CEB 模型[14]、ZMC 模型[15]、MJG 模型[22]、Vu-Quoc 模型[23] 及 Hertz 模型。其中涉及的材料参数及几何参数见表 3-9。

表 3-9 弹塑性模型的材料参数及几何参数

半径 R/m	杨氏模量 E/GPa	泊松比 ν	硬化系数 K	屈服强度 σ_y/MPa	屈服力系数 A_Y
0.1	76.923	0.3	0.6	100	1.61

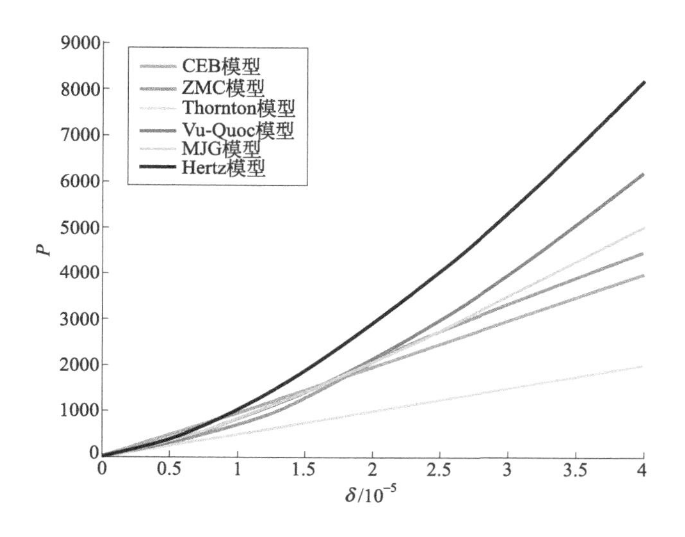

图 3-28　六种不同弹塑性接触模型的力位移关系

CEB 模型、ZMC 模型及 Thornton 模型属于解析模型，Vu-Quoc 模型和 MJG 模型为半解析模型。CEB 模型和 Thornton 模型属于两阶段模型，由图 3-28 可以看出，Thornton 模型计算得到的接触力明显小于其他四种弹塑性模型的结果，CEB 模型的接触力在接触初始阶段比赫兹模型的计算结果还要大。相比于 CEB 模型和 Thornton 模型，ZMC 模型的预测结果与半解析模型（Vu-Quoc 模型和 MJG 模型）的结果更为相近。

3.6.2　模型描述

为了在随机粗糙接触模型中考虑弹塑性变形的影响，需要在压力分布的计算公式（3.13）中将积分区域依据临界重叠量划分为不同接触阶段，表面突起与球体之间的接触力由对应的力位移关系进行计算。现阶段还没有被广泛采用的弹塑性模型，考虑到后续应用过程中模型的通用性和计算便利性，将解析弹塑性模型引入 GW 模型建立对应的粗糙表面接触弹塑性 EP-GW 模型。根据上一节的分析，ZMC 模型与其他解析模型相比能更好地预测材料的弹塑性变形行为，在后文工作中采用 ZMC 模型计算相应的接触力。

在 ZMC 模型中，两个临界重叠量 δ_{ep} 和 δ_{p} 将接触区域分为三个部分。其中弹塑性临界重叠量 δ_{ep} 定义为平均接触压力达到 KH，即弹塑性变形刚刚开始发生的时刻：

$$\delta_{ep}=\left(\frac{3\pi KH}{4E}\right)^2\beta \tag{3.68}$$

式中　H——材料的硬度；

　　　K——材料的硬度系数。

塑性临界重叠量 δ_p 定义为平均接触压力达到 H，即完全发生塑性变形的时刻。目前没有理论方法可以准确求出 δ_p，基于实验结果及相应分析，通常采用如下方法确定 δ_p：

$$\delta_p \geqslant 54\delta_{ep} \tag{3.69}$$

$\delta<\delta_{ep}$ 时，表面突起发生弹性变形，平均接触压力 p_{a_e} 以及接触面积 A_e 由赫兹定律计算得到：

$$p_{a\_e}=\frac{4E}{3\pi}\sqrt{\frac{\delta}{\beta}};A_e=\pi\beta\delta \tag{3.70}$$

当 $\delta>\delta_p$ 时，表面突起发生塑性变形，平均接触压力 p_{a_p} 一直保持为 H，接触面积 A_p 等于平面与原始未变形粗糙轮廓之间的交线长度[24]，即

$$p_{a\_p}=H;A_p=2\pi\beta\delta \tag{3.71}$$

当 $\delta_{ep}<\delta<\delta_p$ 时，表面突起发生弹塑性变形，平均接触压力 p_{a_ep} 和接触面积的 A_{ep} 的计算会更加复杂。Francis[25] 采用对数函数描述了 p_{a_ep} 和 δ 之间的关系，结合在两个临界重叠量处需要满足的连续性条件 $\delta=\delta_{ep}$（$p_a=KH$）以及 $\delta=\delta_p$（$p_a=H$），弹塑性变形的平均接触压力为：

$$p_{a\_ep}=H\left[1-(1-K)\frac{\ln(\delta_p/\delta)}{\ln(\delta_p/\delta_{ep})}\right] \tag{3.72}$$

采用三次多项式函数描述接触面积 A_{ep} 与重叠量 δ 之间的关系，并考虑在两个临界重叠量处的连续性条件 $A_e=\pi\beta w$ 和 $A_p=2\pi\beta w$

$$A_{ep}=\pi\beta\delta\left[1+3\lambda_{ep}^2(\delta)-2\lambda_{ep}^3(\delta)\right] \tag{3.73}$$

其中

$$\lambda_{ep}(\delta)=\frac{\delta-\delta_{ep}}{\delta_p-\delta_{ep}};\lambda_{ep}(\delta_{ep})=0;\lambda_{ep}(\delta_p)=1$$

因此，表面突起与光滑圆球之间的接触力可以表示为如下 δ 相关函数：

$$f(\delta)=p_{a}A=\begin{cases}\dfrac{4}{3}E\beta^{1/2}\delta^{3/2}; & \delta\leqslant\delta_{ep}\\ \pi H\beta[1-(1-K)D_{1}(\delta)]D_{2}(\delta); & \delta_{ep}<\delta\leqslant\delta_{p}\\ 2\pi H\beta\delta; & \delta>\delta_{p}\end{cases} \tag{3.74}$$

其中

$$D_{1}(\delta)=\frac{\ln(\delta_{p}/\delta)}{\ln(\delta_{p}/\delta_{ep})}$$

$$D_{2}(\delta)=[1+3\lambda_{ep}^{2}(\delta)-2\lambda_{ep}^{3}(\delta)]\delta \tag{3.75}$$

所以，类似于式(3.15)，整个接触范围内的压力分布可以表示为：

$$p_{G}(r)=N\int_{d(r)}^{+\infty}f[z_{s}-d(r)]\phi(z_{s})\mathrm{d}z_{s} \tag{3.76}$$

展开为

$$\begin{aligned}p_{G}(r)=&C\int_{d(r)}^{d(r)+\delta_{ep}}[\delta_{G}(r)]^{3/2}\phi(z_{s})\mathrm{d}z_{s}\\&+\frac{3C\sigma^{1/2}}{2K\psi}\left[\int_{d(r)+\delta_{ep}}^{d(r)+\delta_{p}}\left\{1-(1-K)D_{1}[\delta_{G}(r)]\right\}D_{2}[\delta_{G}(r)]\phi(z_{s})\mathrm{d}z_{s}\right.\\&\left.+\int_{d(r)+\delta_{p}}^{+\infty}\delta_{G}(r)\phi(z_{s})\mathrm{d}z_{s}\right]\end{aligned} \tag{3.77}$$

其中 ψ 为塑性指数[26]，定义为：

$$\psi=(\delta_{ep}/\sigma)^{-1/2} \tag{3.78}$$

临界重叠量 δ_{ep} 可以表示为：

$$\delta_{ep}=\frac{\sigma}{\psi^{2}} \tag{3.79}$$

3.6.3 塑性参数的影响

EP-GW 模型通过引入两个塑性参数，塑性指数 ψ 和硬度系数 K 考虑表面突起处的塑性变形，EP-GW 模型在 $\psi=0$ 即 δ_{ep} 时退化为 E-GW 模型。

赫兹模型、E-GW模型和EP-GW模型的对比结果见图3-29，为了研究塑性参数的影响，各模型中的其他接触参数取值相同，即 $\delta=0.01$，$\sigma=0.001$，$\mu=4$。

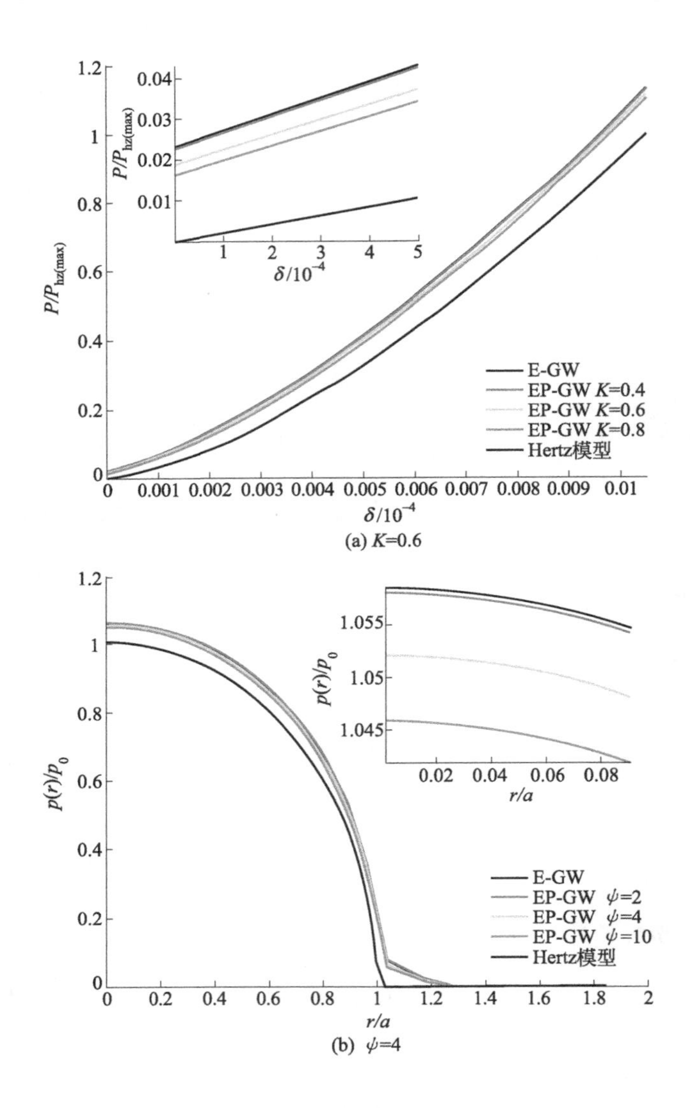

图3-29 不同接触模型的压力分布

图3-29(a)为 $K=0.6$ 时，三个不同塑性指数 $\psi=2,4,10$ 对应的压力分布结果。可以看出，由E-GW模型计算得到的接触压力最大，反映了表面突起的弹性接触特性。随着塑性指数 ψ 增加，更多表面突起发生塑性变形，接触压力不断减小。图3-29(b)为 $\psi=4$ 时，三个不同硬度系数 $K=0.4,0.6$,

0.8 对应的压力分布结果，可以看出，硬度系数 K 增加使得粗糙表面的接触压力不断减小。

以上弹塑性模型计算得到的力位移关系同样可以引入到离散元计算当中，图 3-30 表示了不同输入参数下以上三种接触模型对应的力位移曲线。塑性指数 ψ 和

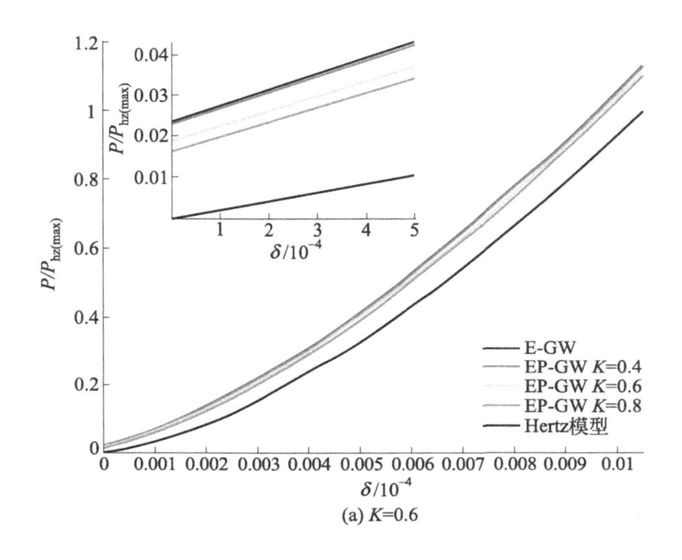

(a) K=0.6

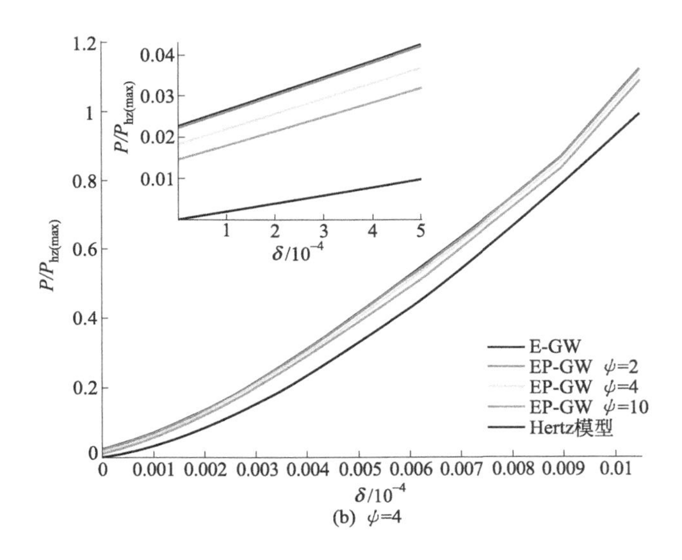

(b) ψ=4

图 3-30 不同接触模型的力位移关系

硬度系数 K 的增加都会使法向接触力不断减小。需要说明的是，这里只考虑了表面突起的塑性变形，下部球体依然只发生弹性变形。

3.7 改进的切向 GW 模型

3.7.1 切向接触力

摩擦力是接触表面上的切向阻力，对于粗糙表面，表面突起之间的接触作用会引起摩擦力。在离散元模拟中，颗粒单元之间的切向接触力通过摩擦计算及法向接触力进行计算，为了考虑由表面突起引起的切向接触力，下面将对摩擦力的研究过程进行简要回顾。

表面突起引起的机械变形和两表面之间的黏合作用共同导致了摩擦力的产生，摩擦力受到很多因素的共同影响，包括法向载荷、表面机械性能、接触时间、温度、表面粗糙度以及滑动速度等。

Amontons[27] 最早提出了两个表面之间的总摩擦力与法向载荷成正比而与接触面积无关，为现代摩擦学的发展奠定了基础。

Coulomb[28] 认为表面粗糙度是摩擦力产生的最主要因素，如果突起的平均角度为 θ，则摩擦系数 $\mu=\tan\theta$，与载荷或者接触物体的几何形状无关。滑动过程中的摩擦力通常比静摩擦力小，这是因为由静止到产生运动的过程当中，突起之间的凹凸面处会产生更大的抵抗作用，润滑剂可以填充突起之间的空隙使表面的有效粗糙度减小，进而减小了摩擦力。库伦摩擦模型的缺点在于它无法考虑接触过程的能量耗散过程。图 3-31 为库仑摩擦模型的示意图。

当两个接触表面由图 A 位置运动到图 B 位置时，刚性楔形突起将导致两表面在运动过程中逐渐分离。通过摩擦力做功与法向力做功相等这一条件，可以得到摩擦系数 $\mu=\tan\theta$。当两个接触表面由图 B 位置运动到图 C 位置时，可以看出库仑摩擦模型的不足之处，此时两接触表面再次回到初始的接触关系，储存在第一阶段的势能被完全释放。如果两表面之间的相互作用完全符合库伦摩擦模型，则在整个运动过程中不存在能量耗散，因此摩擦力取值应该为零。

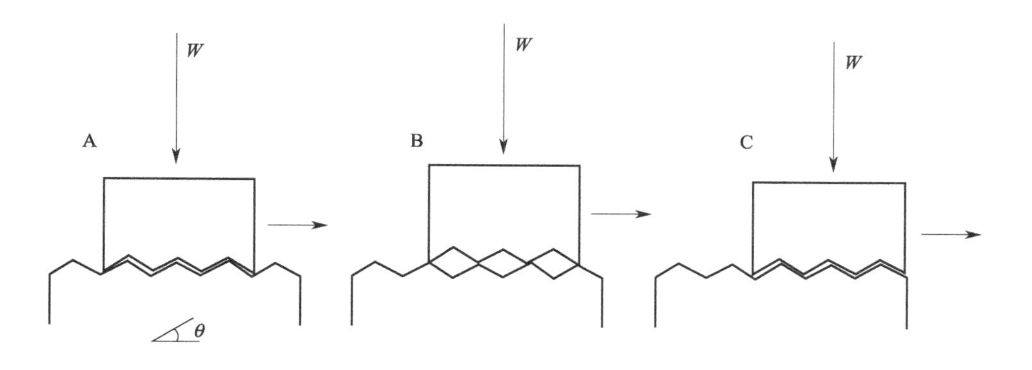

图 3-31 库仑摩擦模型示意

Mindlin[29] 将 Hertz 理论进行了进一步扩展，认为接触面由中心黏滞区和环形活动区组成，提出了两个相同球体在不同法向力和切向力作用下摩擦弹性接触的增量解，这一模型适用于 11 种简单加载条件。

Tabor[30] 通过实验证明，摩擦力取决于三个基本要素：a. 滑动面之间的真实接触面积；b. 接触界面处的黏性强度；c. 接触区域及其周围的材料在活动过程中剪切破坏的方式。

Chang 等[31] 首次提出了针对粗糙表面接触力计算的静态摩擦模型，这一模型采用汉密尔顿显示计算最大切向力[32]。不同于 Mindlin 方法，切向 CEB 模型滑动摩擦力的计算与材料性质相关，滑动开始的位置为材料首先达到屈服的位置。Kogut 和 Etsion[33] 指出这一假设会使得计算得到的切向接触力偏小，因为初始屈服点周围物质仍然处于弹性状态可以提供更大的切向接触力。

Roy Chowdhury 和 Ghosh[34] 采用滑动和屈服作为计算切向力的极限条件，假设在一般载荷作用下，有些凸面会发生弹性变形，有些则会发生塑性变形，忽略了凸面的中间弹塑性变形，使用 Savkoor 和 Briggs 能量平衡方法[35] 来获得发生滑移的切向力的临界值，对于塑性条件，使用 von Mises 准则与汉密尔顿应力场结合进行计算。这一模型也可以用来处理黏结接触，但从大多数研究中可以看出，黏附只存在于清洁和非常光滑的表面，黏附效应对摩擦力的贡献处于次要地位。

Waghare 和 Sahoo 采用 n 点突起模型框架，对接触变形进行了精确的有限元分析，研究了粗糙表面的弹塑性接触摩擦。这一模型遵循 Johnson 等[36] 提出的能量平衡方法，并基于两个假设：a. 可以忽略表面能或黏附效应；b. 可以忽略塑性变形对运动的阻碍作用。因此摩擦力由两种弹性变形突起提供：第一类为在法向和切向载荷共同作用下先滑动后屈服的突起；第二类为在共同载荷作用下屈服的突起。

3.7.2 模型描述

可以看出，切向接触力的产生机理十分复杂，目前还没有被广泛接纳的切向接触力计算模型。我们尝试在 GW 模型的假设基础上对这一问题进行研究，认为切向接触力是由表面突起的不均匀分布引起的。

当粗糙表面与光滑球体之间发生相对切向位移 δ_t 时（见图 3-32），非对称分布的接触压力会引起接触区域内的切向接触力。

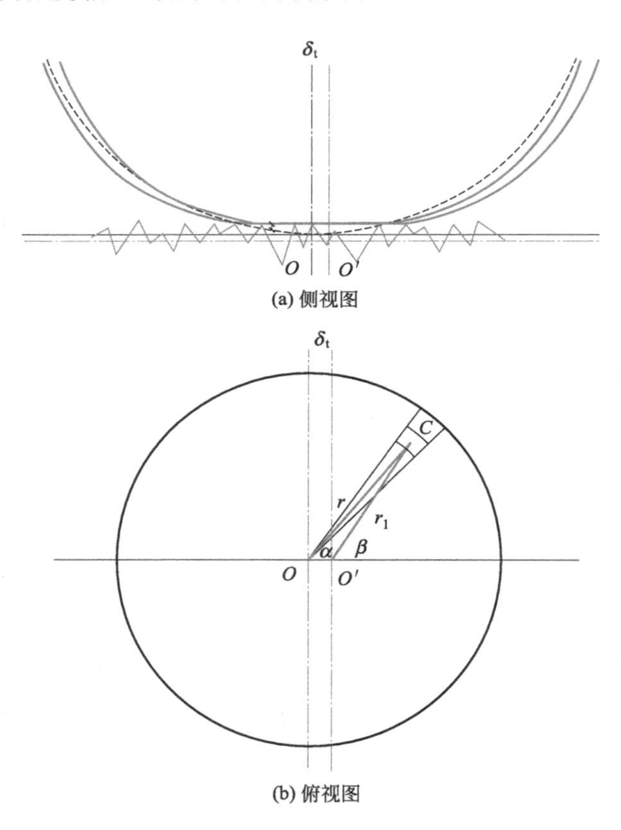

图 3-32 法向和切向位移对应的粗糙平面与光滑球体之间的接触

O 为初始的原点位置，O'为产生切向变形 δ_t 对应的原点位置，C 为粗糙平面与光滑球体之间的接触点。接触点 C 与初始原点 O 之间的距离为 r，C 与 O'之间的距离为 r_1。C 点处的接触力定义为：

$$p(r,\alpha)=\int_{\frac{r_1^2}{2R}}^{+\infty}\left[z_s-\frac{r_1^2}{2R}\right]^{3/2}\phi(z_s)\mathrm{d}z_s \tag{3.80}$$

$$r_1=\sqrt{(r\cos\alpha-\delta_t)^2+(r\sin\alpha)^2} \tag{3.81}$$

将以上接触力在法向和切向进行分解：

$$p_n=p\frac{R-\delta}{\sqrt{(R-\delta)^2+r_1^2}} \tag{3.82}$$

$$p_t=p\frac{r_1}{\sqrt{(R-\delta)^2+r_1^2}} \tag{3.83}$$

可以将切向接触力进一步向 x 方向进行分解：

$$p_{tx}=p_t\cos\beta \tag{3.84}$$

$$\beta=\arccos\left(\frac{r\cos\alpha-\delta_t}{r_1}\right) \tag{3.85}$$

由积分得到法向和切向的总接触力：

$$P_n=\int_0^{\pi}\int_0^{a}p_n(r,\alpha)r\mathrm{d}r\mathrm{d}\alpha \tag{3.86}$$

$$P_{tx}=\int_0^{\pi}\int_0^{a}p_{tx}(r,\alpha)r\mathrm{d}r\mathrm{d}\alpha \tag{3.87}$$

因此，由表面粗糙度引起的摩擦系数为：

$$\mu_{rough}=\frac{P_{tx}}{P_n} \tag{3.88}$$

3.7.3 数值计算结果

当 $\delta=10^{-3}$，$\sigma=10^{-3}$ 时，摩擦系数 μ 与切向位移 δ_t 之间的关系如图 3-33 所示。

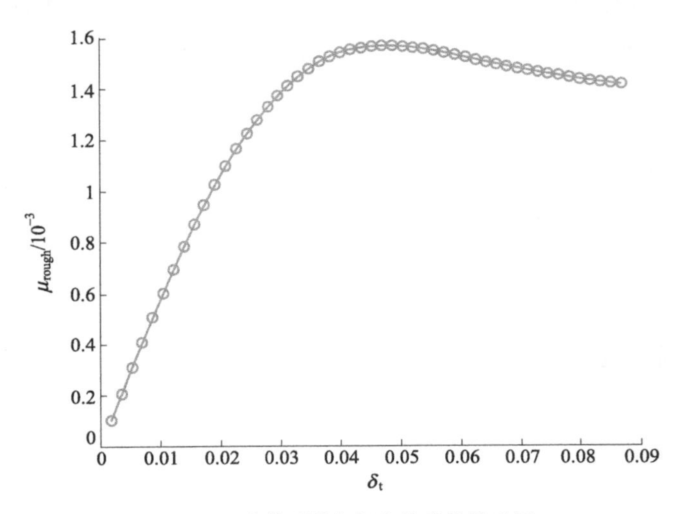

图 3-33　摩擦系数与切向位移的关系图

最大摩擦系数 μ 对应的法向及切向压力分布如图 3-34 所示。

可以看出，随着切向位移的不断增大，接触压力分布的不均匀性也不断增强，引起了摩擦系数的增大。

图 3-35 为不同粗糙度系数对应的 δ_t-μ 曲线，当法向重叠量 δ 固定时，表面粗糙度 σ 对最大摩擦系数影响显著；当表面粗糙度 σ 一定时，法向重叠量 δ 对最大摩擦系数影响较小，特别是对于较大的 σ 取值。

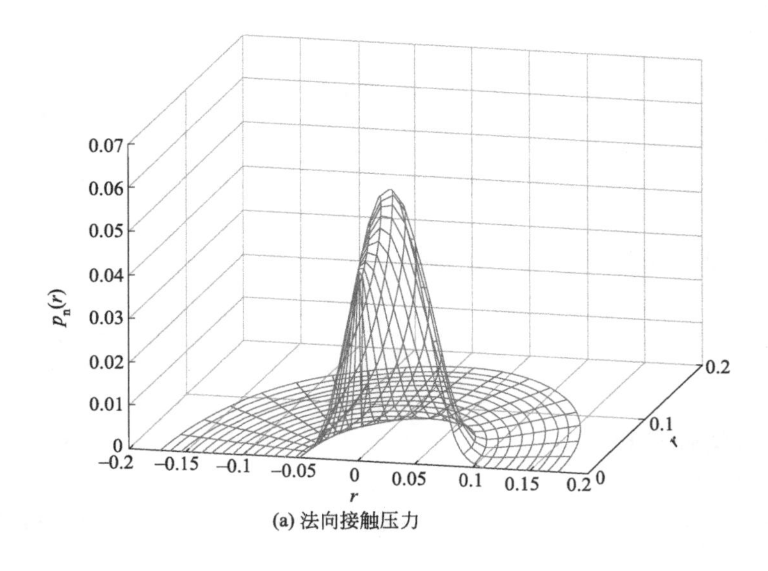

(a) 法向接触压力

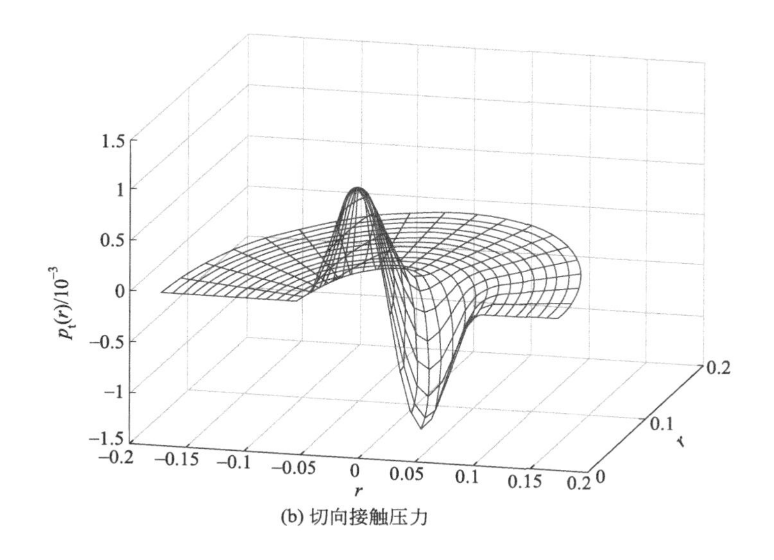

(b) 切向接触压力

图 3-34 法向及切向压力分布

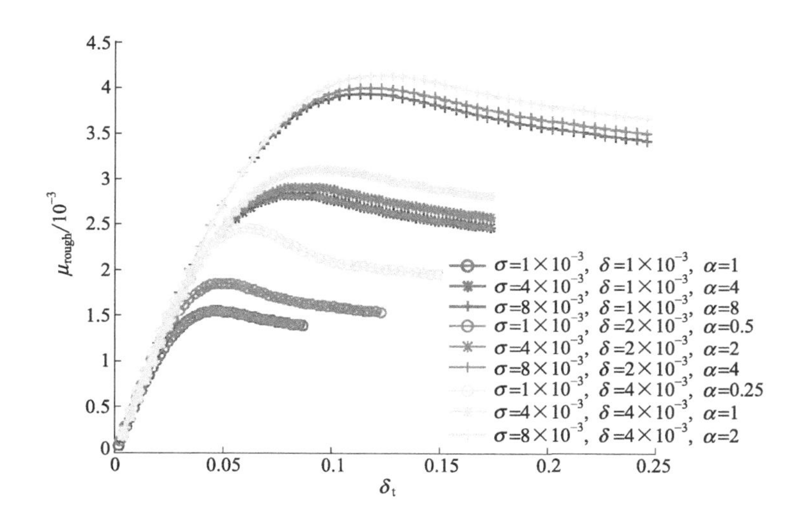

图 3-35 不同粗糙度系数对应的摩擦系数

摩擦系数 μ 的梯度随 α 的变化不明显。当 $\alpha<1$ 时，随着 α 的增大，$\nabla\mu$ 出现了小幅度的减小；当 $\alpha>1$ 时，$\nabla\mu$ 几乎保持不变，α 与 $\nabla\mu$ 的关系见图 3-36。

图 3-37(a) [曲线由上至下分别为 $\delta=1\times10^{-2}$、$\delta=5\times10^{-3}$、$\delta=1\times10^{-3}$、

$\delta=5\times10^{-4}$、$\delta=1\times10^{-4}$、$\delta=5\times10^{-5}$，$\delta=1\times10^{-5}$] 显示了当 δ 固定时 μ 与 σ 之间的关系，μ 随着 σ 的增大而增大；图 3-37(b) 显示了当 σ 固定时 μ 与 δ 之间的关系，μ 随着 δ 的增大保持不变。

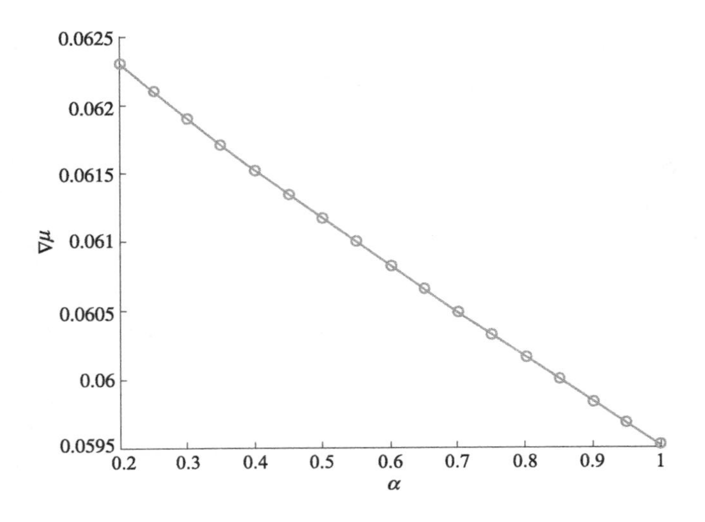

图 3-36　摩擦系数梯度的变化

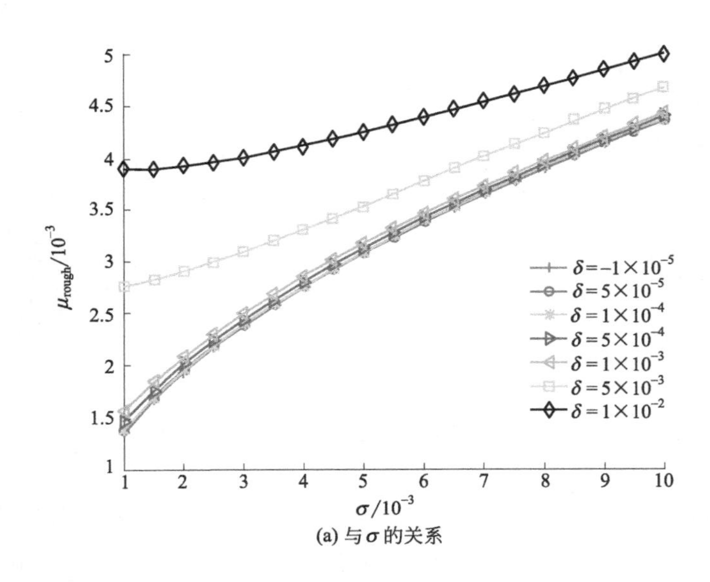

(a) 与 σ 的关系

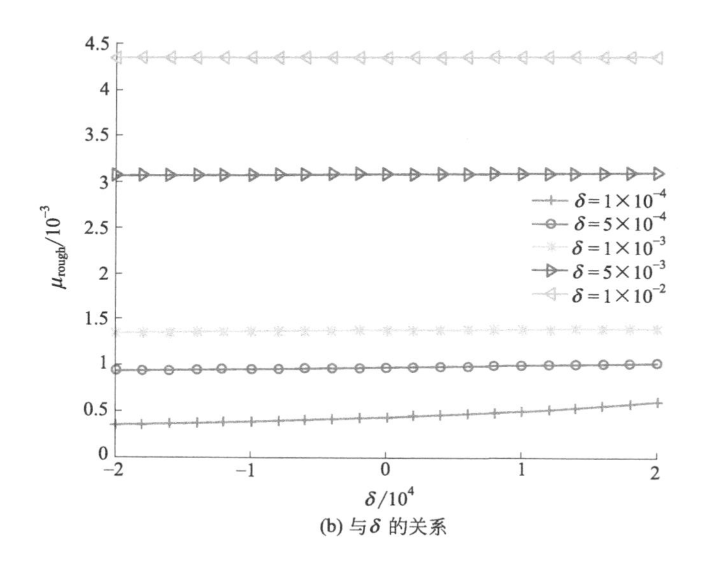

(b) 与 δ 的关系

图 3-37 摩擦系数的变化

当前模型得到的摩擦系数远小于实际的摩擦系数，这是由于当前的摩擦力计算只考虑了压力分布的不对称性这一个因素，显然仅考虑粗糙表面突起的影响是不够的，当前分析思路可以作为摩擦力计算理论的有益补充。

参考文献

[1] X Garcia，J-P Latham，Jin-sheng XIANG，JP Harrison. A clustered overlapping sphere algorithm to represent real particles in discrete element modelling. Geotechnique，2009，59 (9)：779-784.

[2] Wei Zhou，Gang Ma，Xiao-Lin Chang，Yin Duan. Discrete modeling of rockfill materials considering the irregular shaped particles and their crushability. Engineering Computations，2015，32 (4)：1104-1120.

[3] Richard P Jensen，Peter J Bosscher，Michael E Plesha，Tuncer B Edil. Dem simulation of granular media-structure interface：Effects of surface roughness and particle shape. International Journal for Numerical and Analytical Methods in Geomechanics，1999，23 (6)：531-547.

[4] Linbing Wang，Jin-Young Park，Yanrong Fu. Representation of real particles for dem simulation using x-ray tomography. Construction and Building Materials，2007，21 (2)：338-346.

[5] MMGR Lu，GR McDowell. The importance of modelling ballast particle shape in the discrete element method. Granular Matter，2007，9 (1-2)：69.

[6] J-F Ferellec, GR McDowell. A simple method to create complex particle shapes for dem. Geomechanics and Geoengineering: An International Journal, 2008, 3 (3): 211-216.

[7] MM Mollanouri Shamsi, AA Mirghasemi. Numerical simulation of 3d semi-realshaped granular particle assembly. Powder Technology, 2012, 221: 431-446.

[8] HM Stanley, T Kato. An fft-based method for rough surface contact. Journal of Tribology, 1997, 119 (3): 481-485.

[9] JA Greenwood, JB Pl Williamson. Contact of nominally flat surfaces. Proc. R. Soc. Lond. A, 1966, 295 (1442): 300-319.

[10] JF Archard. Elastic deformation and the laws of friction. Proc. R. Soc. Lond. A, 1957, 243 (1233): 190-205.

[11] Arunava Mujumdar, Bharat Bhushan. Role of fractal geometry in roughness characterization and contact mechanics of surfaces. Journal of Tribology, 1990, 112 (2): 205-216.

[12] Kenneth Langstreth Johnson. Contact mechanics. Cambridge: Cambridge University Press, 1987.

[13] Jim A Greenwood, J Hl Tripp. The elastic contact of rough spheres. Journal of Applied Mechanics, 1967, 34 (1): 153-159.

[14] WR Chang, I Etsion, D BASME Bogy. An elastic-plastic model for the contact of rough surfaces. Journal of Tribology, 1987, 109 (2): 257-263.

[15] Yongwu Zhao, David M Maietta, L Chang. An asperity microcontact model incorporating the transition from elastic deformation to fully plastic flow. Journal of Tribology, 2000, 122 (1): 86-93.

[16] Z Ning, C Thornton. Elastic-plastic impact of fine particles with a surface. Powders and Grains, 1993, 93: 33-38.

[17] C Thornton. Coefficient of restitution for collinear collisions of elastic-perfectly plastic spheres. Journal of Applied Mechanics, 1997, 64 (2): 383-386.

[18] Robert L Jackson, Lior Kogut. A comparison of flattening and indentation approaches for contact mechanics modeling of single asperity contacts. Journal of Tribology, 2006, 128 (1): 209-212.

[19] Lior Kogut, Izhak Etsion. Elastic-plastic contact analysis of a sphere and a rigid flat. Journal of Applied Mechanics, 2002, 69 (5): 657-662.

[20] Lior Kogut, Izhak Etsion. A finite element based elastic-plastic model for the contact of rough surfaces. Tribology Transactions, 2003, 46 (3): 383-390.

[21] Robert L Jackson, Itzhak Green. A finite element study of elasto-plastic hemispherical contact against a rigid flat. Journal of Tribology, 2005, 127 (2): 343-354.

[22] Loc Vu-Quoc, Xiang Zhang. An elastoplastic contact force-displacement model in the normal direction: Displacement-driven version. In Proceedings of the Royal Society of London A: Mathematical, Physical and Engineering Sciences, 1999 (455): 4013-4044.

[23] EJ Abbott, FA Firestone. Specifying surface quality: A method based on accurate measurement and

comparison. SPIE MILESTONE SERIES MS, 1995, 107: 63.

[24] Hamid Ghaednia, Sara A Pope, Robert L Jackson, Dan B Marghitu. A comprehensive study of the elasto-plastic contact of a sphere and a flat. Tribology International, 2016, 93: 78-90.

[25] HA Francis. Phenomenological analysis of plastic spherical indentation. Journal of Engineering Materials and technology, 1976, 98 (3): 272-281.

[26] JA Greenwood, JB Pl Williamson. Contact of nominally flat surfaces. Proc. R. Soc. Lond. A, 1966, 295 (1442): 300-319.

[27] G Amontons. De la resistance causee dansles machines. Mem. de l'Academie Royal A, 275-282.

[28] C Coulomb. Theorie des machines simples, moeoires de mathematique et de physique. Academie des Sciences, 1785, 10: 161-331.

[29] Raymond D Mindlin. Elastic spheres in contact under varying oblique forces. J. Applied Mech. , 1953, 20: 327-344.

[30] David Tabor. Friction—The present state of our understanding. Journal of Lubrication Technology, 1981, 103 (2): 169-179.

[31] Wen-Ruey Chang, I Etsion, DB Bogy. Static friction coefficient model for metallic rough surfaces. Journal of Tribology, 1988, 110 (1): 57-63.

[32] G M Hamilton. Explicit equations for the stresses beneath a sliding spherical contact. Proceedings of the Institution of Mechanical Engineers, Part C: Journal of Mechanical Engineering Science, 1983, 197 (1): 53-59.

[33] Lior Kogut, Izhak Etsion. A finite element based elastic-plastic model for the contact of rough surfaces. Tribology Transactions, 2003, 46 (3): 383-390.

[34] SK Roy Chowdhury, P Ghosh. Adhesion and adhesional friction at the contact between solids. Wear, 1994, 174 (1-2): 9-19.

[35] AR Savkoor, GAD Briggs. The effect of tangential force on the contact of elastic solids in adhesion. Proceedings of the Royal Society of London. A. Mathematical and Physical Sciences, 1977, 356 (1684): 103-114.

[36] Kenneth Langstreth Johnson, Kevin Kendall, AD Roberts. Surface energy and the contact of elastic solids. Proceedings of the royal society of London. A. Mathematical and Physical Sciences, 1971, 324 (1558): 301-313.

第4章

颗粒集合表征方法

4.1 表征方法概述

颗粒集合的空间排布特性在很大程度上影响颗粒系统的宏观力学特性，因此在离散元模拟中需要对颗粒集合的生成方法进行有效的控制和评价。对于采用几何方法生成的颗粒集合来说[1-7]，颗粒集合特性的评价更显得尤为重要。此外，在某些应用领域，如颗粒床反应器中，颗粒集合的空间排布特性也会对系统的整体性能产生重要影响[8]。因此，发展适合的颗粒集合结构空间统计分析方法具有重要的科学和工程意义。由于颗粒系统内部拓扑结构非常复杂，很难通过实验方法观察到颗粒之间的相互排列方式。随着各种粒子类方法的发展，如分子动力学和离散元方法，我们可以获得更多关于颗粒系统内部结构的详细信息。

常见的颗粒集合特性评价指标包括颗粒粒径分布以及颗粒集合密度和孔隙率。此外也可以利用径向相关函数[9] 来研究颗粒集合的空间分布，但计算成本较高。当颗粒集合承受外载荷时，可以用配位数分布、颗粒接触空间异性[10]和组构张量等指标进行评价。但对于采用离散元方法由相同颗粒粒径分布函数生成的随机颗粒集合，并没有适当的方法可以对不同颗粒排布的相似性进行定量评价。可以看出，现阶段尚缺乏一种通用的定量方法对颗粒集合的空间排布特征进行评价。

可以将当前存在的分析方法根据不同标准进行分类，从评价尺度来看，宏观评价指标包括应力、应变以及孔隙比，细观评价指标包括配位数、应力张量等；从评价指标的关注对象来看，一类方法侧重分析孔隙特性[11,12]，另一类方法侧重分析力链结构特性[13]。

可以将颗粒集合看作实体材料（赋值为 1）和空隙（赋值为 0）在空间的某种排布。如果将颗粒集合划分为均匀网格，将每个网格看作一个带加权值的像素，就可以将颗粒集合转化为灰度范围在 0～1 之间的数值化图像。然后采用计算机图形学和图像处理领域的技术对数值图像的协方差矩阵进行分析[14,15]，同时也可以通过一些特定指标对多幅不同图像的相似性进行分析[16,17]。

主成分分析方法[18,19] 是一种经典的基于线性变换的统计分析方法，被广泛应用于不同领域，在数据分析、多方差降维、信号识别和图像处理问题中发挥了强大作用。本章提出了一种基于主成分分析方法的颗粒集合特性表征方法，该方法可以用主方差反映颗粒集合特性，并且提出了可以比较两个颗粒相似程度的定量指标。

4.2 二维主成分分析方法

本节将对在颗粒集合特性评价中涉及的主成分分析方法数值过程进行介绍。

4.2.1 二维颗粒集合图像的数字化处理

由二维圆盘颗粒组成的颗粒集合为 $\Omega_p=\bigcup_i\Omega_i$，其中 Ω_i 为第 i 个颗粒所在区域，选定任意矩形区域 $\boldsymbol{A}(L_1\times L_2)$ 作为分析窗口，分析窗口可以划分为 $M\times N$ 个矩形网格，网格尺寸 $h=L_1/M=L_2/N$。将位于 (i,j) 处的网格记为 A_{ij}，该网格颗粒所占面积比例，即灰度值，定义为：

$$a_{ij}=\frac{|\Omega_p\cap A_{ij}|}{|A_{ij}|} \tag{4.1}$$

其中 $|\Omega|$ 为区域 Ω 的面积；$|A|=L_1L_2$；$|A_{ij}|=h^2$。当网格不与任何颗粒重叠时，$a_{ij}=0$；当网格完全被一个颗粒覆盖时，$a_{ij}=1$；当网格部分与颗粒重叠时，$a_{ij}<1$。因此，可以得到 $a_{ij}\in[0,1]$。

所有网格的平均颗粒所占面积比 α_{ij} 形成 $M\times N$ 的矩阵 $\boldsymbol{A}_h=\{a_{ij}\}$，可以看作颗粒集合的数值化灰度表示，称为颗粒集合矩阵或颗粒集合图像。图 4-1(b) 为图 4-1(a) 中所示颗粒集合的数值化表示。$\boldsymbol{A}_h$ 在颗粒内部位置或者在空隙区域的取值是精确的，但在颗粒边缘处的取值有误差存在。数值化表示原颗粒集合的精度与网格划分尺寸有关，在以下极限状态时，数值矩阵是绝对精确的：

$$\lim_{h\to 0}\boldsymbol{A}_h=\Omega_p\cap A \tag{4.2}$$

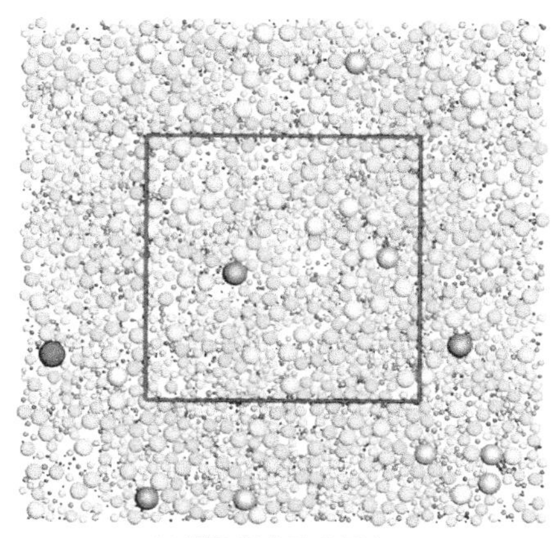

(a) 颗粒集合及分析窗口

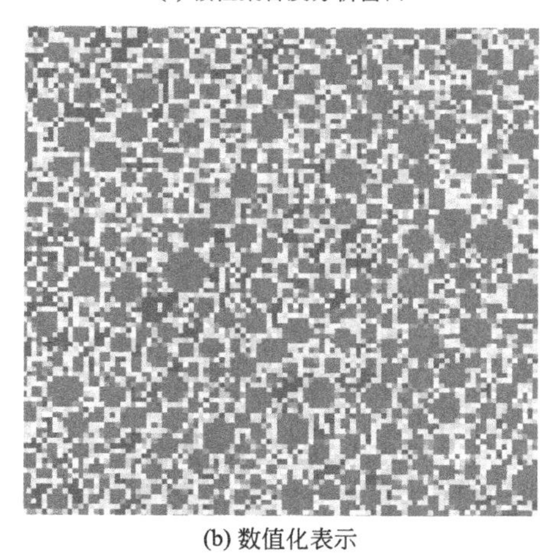

(b) 数值化表示

图 4-1　随机排布的颗粒集合及相应的数值化表示

4.2.2　分析方法的数值过程

颗粒集合矩阵 $\boldsymbol{A}_h$ 的平均值，即区域 $\boldsymbol{A}$ 的堆积密度计算如下：

$$\rho_A \equiv \frac{|\Omega_p \cap A|}{|A|} = \frac{1}{MN}\sum_{i=1}^{M}\sum_{j=1}^{N} a_{ij} \tag{4.3}$$

定义 $a(x)$ 为一材料分布函数，当 x 的位置位于颗粒内部时，该函数取值为 1，当 x 的位置位于空隙处时，该函数取值为 0。可以推导出，颗粒集合的总方差与堆积密度有如下关系：

$$\sigma_A = \frac{1}{|\Omega|}\int_{\Omega}(a-\rho_A)^2 \mathrm{d}\Omega = \rho_A(1-\rho_A) \tag{4.4}$$

类似地，颗粒集合矩阵的总方差定义为：

$$\sigma_h = \frac{1}{MN}\sum_{i=1}^{M}\sum_{j=1}^{N}(a_{ij}-\rho_A)^2 \leqslant \sigma_A \tag{4.5}$$

颗粒集合的总方差是任意颗粒集合矩阵总方差的上限。

定义 m_j 为颗粒集合矩阵 $\boldsymbol{A}_h$ 第 j 列的均值：

$$m_j = \frac{1}{M}\sum_{i=1}^{M} a_{ij} \tag{4.6}$$

则堆积密度也可以用以下方法进行计算：

$$\rho_A = \frac{1}{N}\sum_{j=1}^{N} m_j \tag{4.7}$$

颗粒集合矩阵 $\boldsymbol{A}_h$ 中的各项减去各列的平均值，得到列向中心化矩阵 $\overline{\boldsymbol{A}}_N$：

$$\overline{\boldsymbol{A}}_N = \boldsymbol{A}_h - \boldsymbol{e}_M \boldsymbol{m}_N \tag{4.8}$$

$\overline{\boldsymbol{A}}_N$ 的协方差矩阵定义为：

$$\boldsymbol{S}_N = \frac{1}{M}\overline{\boldsymbol{A}}_N^{\mathrm{T}}\overline{\boldsymbol{A}}_N \tag{4.9}$$

$\boldsymbol{S}_N$ 是一个 $N \times N$ 的方阵。

进一步定义列向总方差为：

$$\sigma_N^c = \frac{1}{N}\mathrm{Tr}(\boldsymbol{S}_N) = \frac{1}{N}\sum_{i=1}^{N}(\boldsymbol{S}_N)_{ii} \tag{4.10}$$

通过求解协方差矩阵的特征值问题，得到以下矩阵分解：

$$\boldsymbol{S}_N \boldsymbol{V}_N = \boldsymbol{V}_N \boldsymbol{D}_N \tag{4.11}$$

其中

$$\boldsymbol{D}_N = \boldsymbol{V}_N^{\mathrm{T}} \boldsymbol{S}_N \boldsymbol{V}_N, \boldsymbol{V}_N^{\mathrm{T}} \boldsymbol{V}_N = \boldsymbol{I}_N$$

其中对角矩阵 $\boldsymbol{D}_N = \mathrm{diag}\{d_i\}$ 为所有特征值 d_i 的降序排列，在这里称为主方差；$\boldsymbol{V}_N = \{v_i\}$ 为正交单位向量组，称为主模态。由于 $\overline{\boldsymbol{A}}_N$ 为列向中心化矩阵，$\boldsymbol{S}_N$ 为半正定矩阵包含至少一个零主方差。主方差之和与列向总方差之间存在如下关系：

$$\frac{1}{N}\sum_{i=1}^{N}d_i=\sigma_N^c \tag{4.12}$$

$\boldsymbol{S}_N$ 可以由主方差和主模态计算得到：

$$\boldsymbol{S}_N=\boldsymbol{V}_N\boldsymbol{D}_N\boldsymbol{V}_N^{\mathrm{T}}=\sum_{i=1}^{N-1}d_i\boldsymbol{v}_i\boldsymbol{v}_i^{\mathrm{T}} \tag{4.13}$$

在大多数应用中，只需要初始的几个主方差就可以近似得到协方差矩阵，可以在很大程度上对问题进行降维。

定义 $\boldsymbol{U}_N$ 为：

$$\boldsymbol{U}_N=\overline{\boldsymbol{A}}_N\boldsymbol{V}_N \tag{4.14}$$

则有

$$\boldsymbol{D}_N=\frac{1}{N}\boldsymbol{U}_N^{\mathrm{T}}\boldsymbol{U}_N \tag{4.15}$$

所以 $\boldsymbol{A}_N$ 和 $\boldsymbol{A}_h$ 可以由下式求得：

$$\overline{\boldsymbol{A}}_N=\boldsymbol{U}_N\boldsymbol{V}_N^{\mathrm{T}}；\ \boldsymbol{A}_h=\overline{\boldsymbol{A}}_N+\boldsymbol{e}_M\boldsymbol{m}_N \tag{4.16}$$

在大多数应用中，只需要初始的几个主方差就可以近似得到协方差矩阵。

与 $\boldsymbol{S}_N$ 相似，同样可以由初始的主方差近似求得 $\overline{\boldsymbol{A}}_N$ 和 $\boldsymbol{A}_h$。

综上，列向总方差 σ_N^c，均值向量 $\boldsymbol{m}_N$，主方差矩阵 $\boldsymbol{D}_N$ 以及对应模态 $\boldsymbol{V}_N$ 共同组成了颗粒集合的评价指标集合，即：

$$C_N=\{\sigma_N^c,\boldsymbol{m}_N,\boldsymbol{D}_N,\boldsymbol{V}_N\} \tag{4.17}$$

其中主方差 PV 是最重要的颗粒集合图像评价指标。

4.2.3 主方差方程

为了便于比较不同颗粒集合对应的主方差，特别是采用不同精度划分网格后得到的主方差，需要将主方差进行以下无量纲处理，主方差的序号从 1 到 N 转换为 [0,1] 之间的变量：

$$x(i)=\frac{1}{N}\left(i-\frac{1}{2}\right) \tag{4.18}$$

在此基础上通过对离散点的主方差进行插值得到连续的主方差函数 $d(x)$，$x\in[0,1]$。

$$d(x_i)=d_i, x_i=x(i), i=1,\cdots,N \tag{4.19}$$

通过将序列号 i 向位置 x 进行转化，可以有效解决不同网格精度的颗粒集合矩阵无法直接比较的问题。

4.2.4 颗粒集合数值图像的相似性

假设两个颗粒集合对应的主方差方程为 $d_1(x)$ 和 $d_2(x)$，定义两颗粒集合的不相似系数（D_c）为：

$$D_c=\left\{\frac{1}{\Sigma_1+\Sigma_2}\int_0^1[d_1(x)-d_2(x)]^2\mathrm{d}x\right\}^{1/2}\in[0,1] \tag{4.20}$$

其中 N_1 和 N_2 为颗粒集合矩阵的列向量数；Σ_1 和 Σ_2 的定义为：

$$\Sigma_i=\int_0^1 d_i^2(x)\mathrm{d}x \qquad (i=1,2)$$

因此，两颗粒集合的相似性可以由如下相似性指数进行评价：

$$S_I=(1-D_c)\times 100 \tag{4.21}$$

4.3 特殊颗粒集合的主方差及模态

本节研究了一些特殊颗粒集合的主方差及主模态特征，并通过数值算例证明了理论推导结果。

4.3.1 周期颗粒集合排布

如果一个颗粒集合具有周期性的排布特征，即其中的基本单元沿水平方向重复多次，那么可以通过以下方法快速确定该颗粒集合矩阵的主方差和模态。

以基本结构重复 2 次的颗粒集合为例，采用相同的网格空间对基本结构及颗粒集合整体进行评价，基本结构的颗粒矩阵表示为 $\boldsymbol{A}_N$，则重复两次的整体颗粒矩阵为 $\boldsymbol{A}_{2N}$，其中包含两个基本矩阵 $\boldsymbol{A}_N$：

$$\boldsymbol{A}_{2N}=[\boldsymbol{A}_N,\boldsymbol{A}_N] \tag{4.22}$$

令 $\boldsymbol{m}_N$，$\overline{\boldsymbol{A}}_N$ 和 $\boldsymbol{S}_N$ 为基本矩阵 $\boldsymbol{A}_N$ 的列向均值向量，列向中心化矩阵和协方

差矩阵，则 $\boldsymbol{A}_{2N}$ 的列向均值向量为：

$$\boldsymbol{m}_{2N}=\{\boldsymbol{m}_N,\boldsymbol{m}_N\} \tag{4.23}$$

$\boldsymbol{A}_{2N}$ 的列向中心化矩阵为：

$$\overline{\boldsymbol{A}}_{2N}=\boldsymbol{A}_{2N}-\boldsymbol{e}_M\boldsymbol{m}_{2N} \tag{4.24}$$

$\boldsymbol{A}_{2N}$ 的协方差矩阵为：

$$\overline{\boldsymbol{A}}_{2N}=\boldsymbol{A}_{2N}-\boldsymbol{e}_M\boldsymbol{m}_{2N}\boldsymbol{S}_{2N}=\frac{1}{M}\overline{\boldsymbol{A}}_{2N}^{\mathrm{T}}\overline{\boldsymbol{A}}_{2N}=\frac{1}{M}\begin{bmatrix}\boldsymbol{S}_N & \boldsymbol{S}_N\\ \boldsymbol{S}_N & \boldsymbol{S}_N\end{bmatrix} \tag{4.25}$$

此外，$\boldsymbol{D}_N$ 和 $\boldsymbol{V}_N$ 为协方差矩阵 $\boldsymbol{S}_N$ 的主方差及主模态，构造 $2N\times N$ 阶矩阵

$$\boldsymbol{V}_{2N}=\frac{1}{\sqrt{2}}\begin{bmatrix}\boldsymbol{V}_N\\ \boldsymbol{V}_N\end{bmatrix} \tag{4.26}$$

则

$$\boldsymbol{S}_{2N}\boldsymbol{V}_{2N}=\frac{1}{\sqrt{2}}\begin{bmatrix}2\boldsymbol{S}_N\boldsymbol{V}_N\\ 2\boldsymbol{S}_N\boldsymbol{V}_N\end{bmatrix}=\frac{1}{\sqrt{2}}\begin{bmatrix}2\boldsymbol{V}_N\boldsymbol{D}_N\\ 2\boldsymbol{V}_N\boldsymbol{D}_N\end{bmatrix}=\boldsymbol{V}_{2N}(2\boldsymbol{D}_N) \tag{4.27}$$

其中 $\boldsymbol{V}_{2N}$ 是 $\boldsymbol{S}_{2N}$ 的主模态，对应的主方差是 $\boldsymbol{D}_N$ 的 2 倍。

构造另一个 $2N\times N$ 阶矩阵：

$$\boldsymbol{V}'_{2N}=\frac{1}{\sqrt{2}}\begin{bmatrix}\boldsymbol{V}_N\\ -\boldsymbol{V}_N\end{bmatrix} \tag{4.28}$$

计算可得：

$$\boldsymbol{S}_{2N}\boldsymbol{V}'_{2N}=0 \tag{4.29}$$

因此 $\boldsymbol{V}'_{2N}$ 也是主模态，但对应的主方差都为 0。由式(4.27) 和式(4.29) 可知，对于 2 次重复矩阵，1/2 的主方差为基本结构主方差的 2 倍，另外 1/2 的主方差都为 0。

一般地，对于 m 次重复颗粒集合矩阵，其中 $1/m$ 的主方差为基本结构主方差的 m 倍，剩余主方差都为 0。

如果矩阵的基本结构沿垂直方向重复，则 2 次重复矩阵可以表示为：

$$\boldsymbol{A}_{2N}=\begin{bmatrix}\boldsymbol{A}_N\\ \boldsymbol{A}_N\end{bmatrix} \tag{4.30}$$

根据 $\boldsymbol{m}_{2N}=\boldsymbol{m}_N$，可以证明：

$$\boldsymbol{S}_{2N}=\boldsymbol{S}_{N} \tag{4.31}$$

因此，主方差和主模态保持不变。

如果颗粒集合矩阵关于垂直方向对称，即中心线两侧矩阵互为镜像关系，两部分矩阵的主方差相等，整个矩阵的非零主方差是一侧矩阵的 2 倍。

同样可以证明，将颗粒集合矩阵进行缩放处理不影响矩阵的主方差及主模量。

4.3.2 数值验证

图 4-2 所示为三种规则排列的颗粒集合，分别包含 1 个颗粒、4 个颗粒和 16 个颗粒，记为 $R1$、$R4$ 和 $R16$。

(a) 颗粒集合 $R1$

(b) 颗粒集合 $R4$

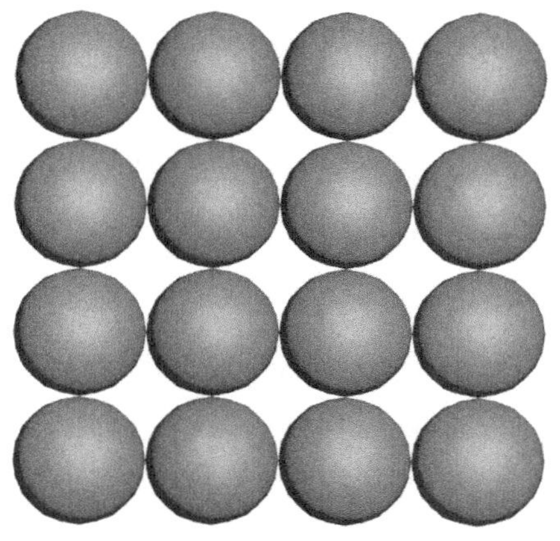
(c) 颗粒集合 $R16$

(d) 数值矩阵 $R1$

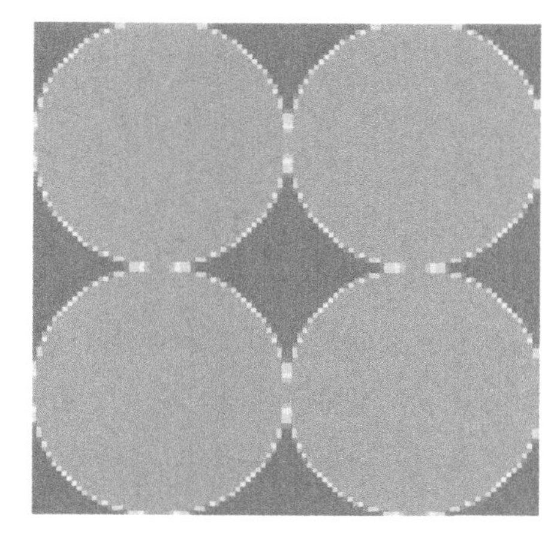
(e) 数值矩阵 $R4$

图 4-2

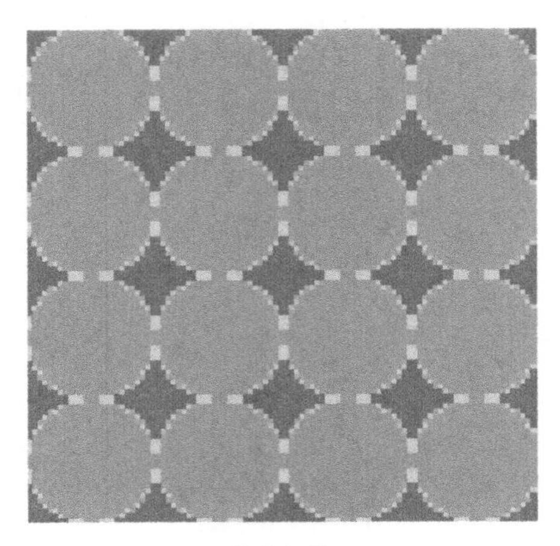

(f) 数值矩阵 $R16$

图 4-2 三种规则排列的颗粒集合及对应的数值化矩阵

三种颗粒集合具有相同的堆积密度 $\rho=\pi/4=0.7854$。颗粒集合所在区域被划分为 $N\times N$ 阶网格，网格尺寸为 $h=1/N$，网格精度 N 分别取 $N=25,50,100$。颗粒集合对应的数值化矩阵记为 $Ri(N)$（$i=1,4,16;N=25,50,100$）。$N=100$ 时对应的数值化矩阵见图 4-2(d)～(f)。不同网格精度下三种颗粒集合的总方差及第一主方差列于表 4-1 和表 4-2 中。

表 4-1 为颗粒集合在不同精度网格下的列向总方差，可以看出，沿主对角线和两条非对角线的值是相同的，这一结论可以由三种颗粒集合满足嵌套关系来解释。

表 4-1 不同网格精度下三种颗粒集合的总方差

网格		颗粒集合		
N	h	$R1$	$R4$	$R16$
25	0.04	0.1501	0.1362	0.1112
50	0.02	0.1589	0.1501	0.1362
100	0.01	0.1636	0.1589	0.1501

表 4-2 中列出的第一主方差在主对角线和两条副对角线上表现出了 2 倍关系的规律，可以证明上一节中关于重复颗粒集合排布主方差关系之间的结论。例如，将数值化矩阵 $R1(25)$ 重复两次得到矩阵 $R4(50)$（沿垂直方向的重复不影响主方差结果），所以 $R4(50)$ 计算得到的第一主方差是 $R1(25)$ 的 2 倍，同样地，矩阵 $R4(50)$ 重复两次得到 $R16(100)$，所以 $R16(100)$ 计算得到的第一主方差是 $R4(50)$ 的 2 倍。

表 4-2 不同网格精度下三种颗粒集合的第一主方差

网格		颗粒集合		
N	h	$R1$	$R4$	$R16$
25	0.04	1.7665	1.7050	1.5133
50	0.02	3.5778	3.5329	3.4099
100	0.01	7.1816	7.1556	7.0657

图 4-3(a) 显示了 $N=100$ 时三个颗粒集合的主方差结果，将横坐标进行对数化处理得到图 4-3(b)，可以清楚观察到主要主方差值的差距。表 4-2 和图 4-3 的结

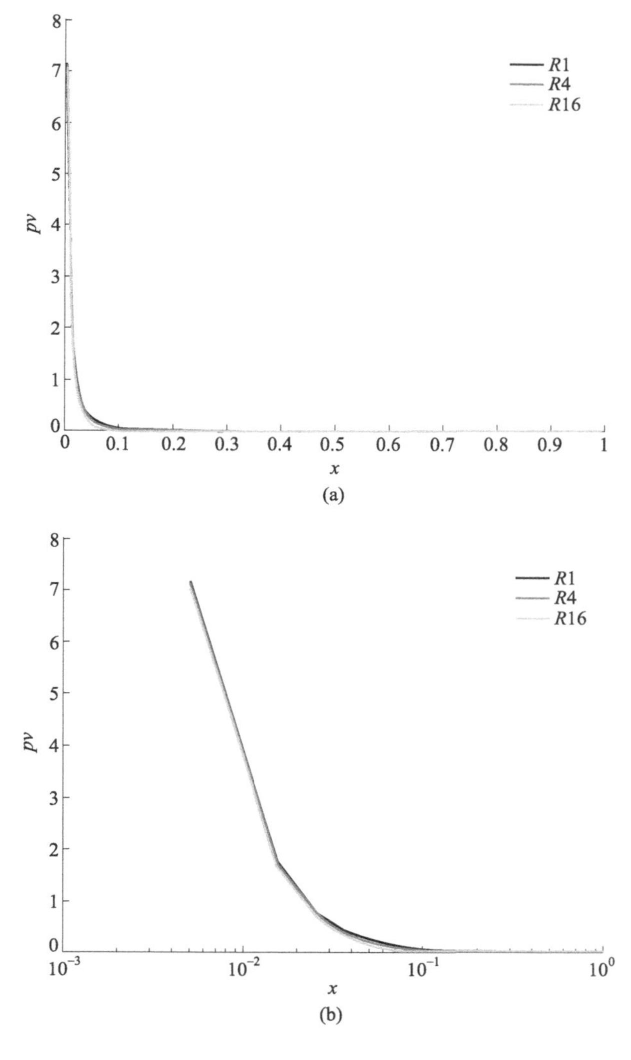

图 4-3 R1、 R4、 R16 的主方差

果都说明，当网格精度相同时，三种颗粒集合的主方差结果基本相同。颗粒集合 $R1$ 与 $R4$ 的不相似系数为 0.0081，$R1$ 与 $R16$ 的不相似系数为 0.0275。相对精度（r/h）的降低导致了 $R16$ 不相似系数的增大。

图 4-4(a) 显示了颗粒集合 $R1$ 在三种不同网格精度时的主方差结果，主要主方差结果的放大图见图 4-4(b)。表 4-2 和图 4-4 证明了主方差与网格精度的关系。这一问题将在 4.4.5 部分详细讨论。

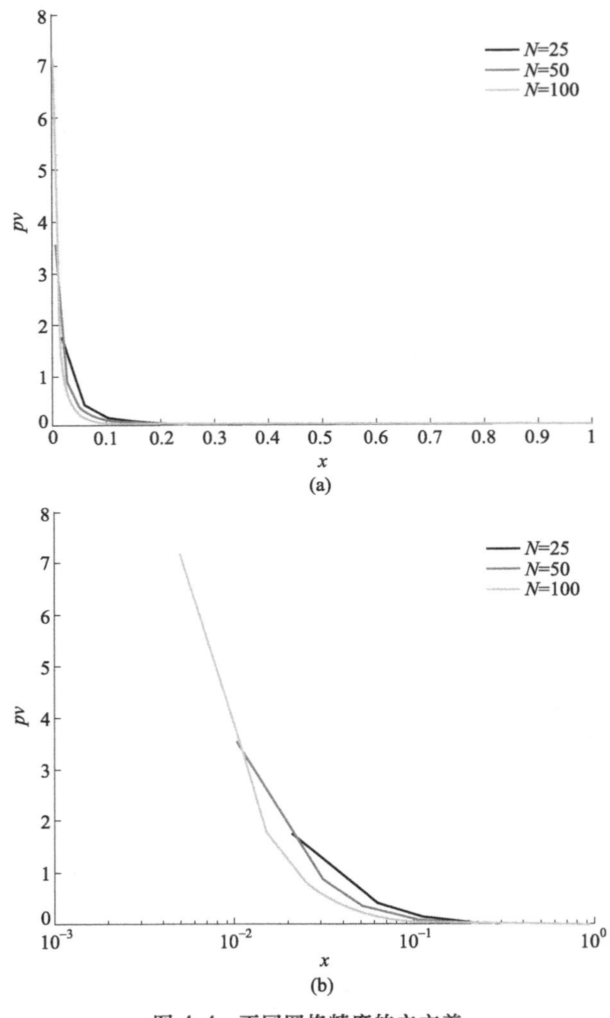

图 4-4 不同网格精度的主方差

图 4-5(a) 为数值矩阵 $R1(100)$ 的前三个主要模态，图 4-5(b) 为矩阵 $R1(100)$、$R4(100)$、$R16(100)$ 的第一模态。$R1(100)$ 模态的对称性与预期一致，

$R4(100)$ 与 $R16(100)$ 的第一模态为 $R1(100)$ 模态压缩和重复的结果。

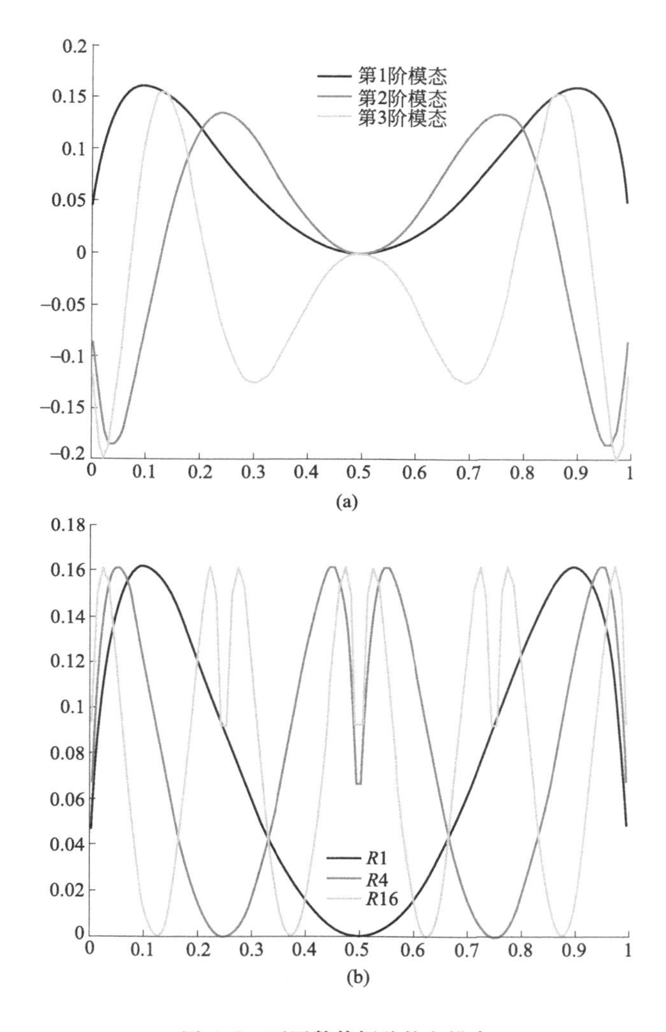

图 4-5 不同数值矩阵的主模态

4.4 基于主方差的颗粒集合特性评价

本节将以主方差作为评价标准研究颗粒集合的空间排布特性，并定量比较不同颗粒集合之间的相似性。在上一节通过规则排布颗粒集合验证理论结论的基础上，本节的研究对象为两类具有不同颗粒粒径分布特性的随机颗粒集合。

4.4.1 两种随机排列的颗粒集合

在[－0.1,1.1]×[－0.1,1.1]的区域内生成两类具有周期边界的随机颗粒集合，第一类集合中颗粒粒径均匀分布，第二类集合中颗粒粒径服从高斯分布。每一类包含 4 组在不同特征参数下生成的颗粒集合，且每组颗粒集合采用随机方式生成 10 次样本。图 4-6 为网格精度 $N=100$ 时，粒径服从均匀分布的颗粒集合及相应数值化图像。图 4-7 为粒径服从高斯分布的颗粒集合及相应数值化图像。

(a) 颗粒集合 $U1$

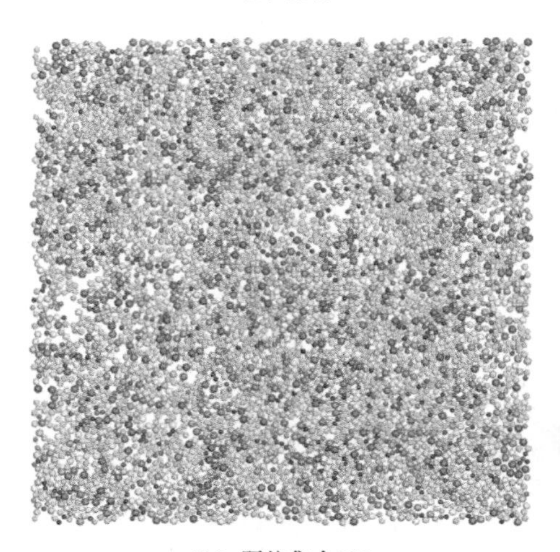

(b) 颗粒集合 $U2$

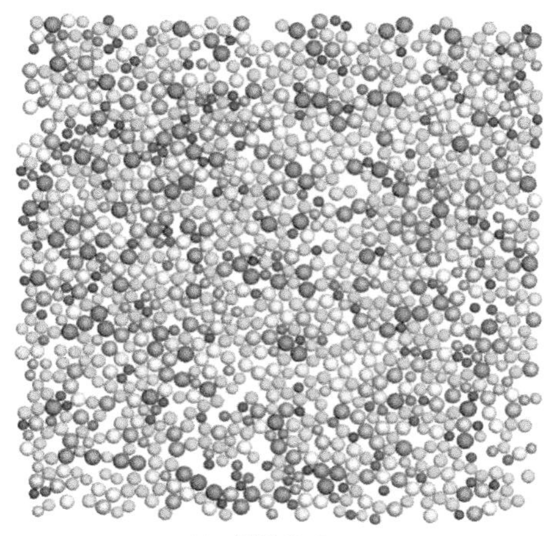

（c）颗粒集合 $U4$

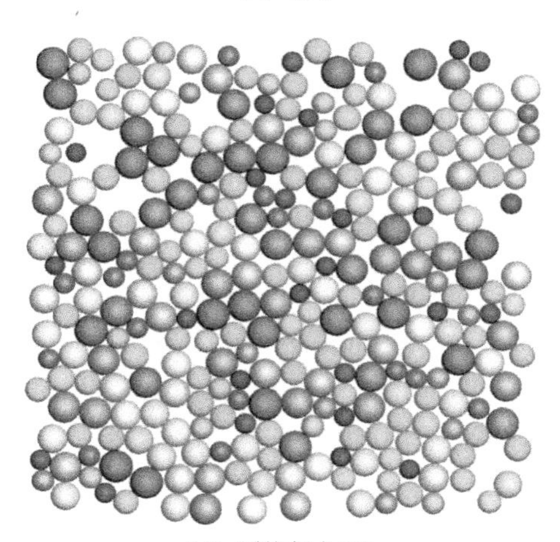

（d）颗粒集合 $U8$

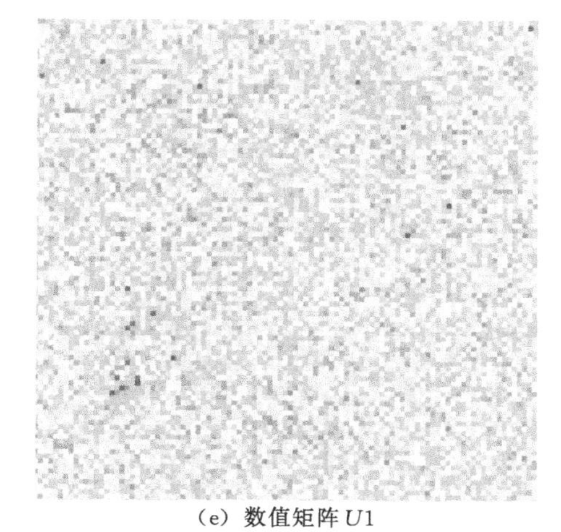

（e）数值矩阵 $U1$

图 4-6

(f) 数值矩阵 $U2$

(g) 数值矩阵 $U4$

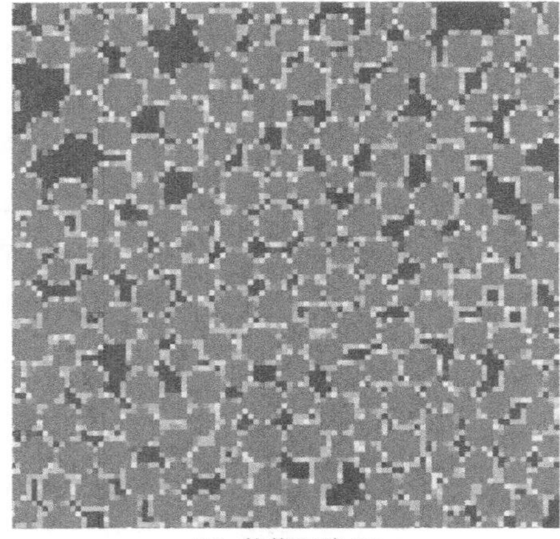
(h) 数值矩阵 $U8$

图 4-6　粒径均匀分布的颗粒集合及数值化图像

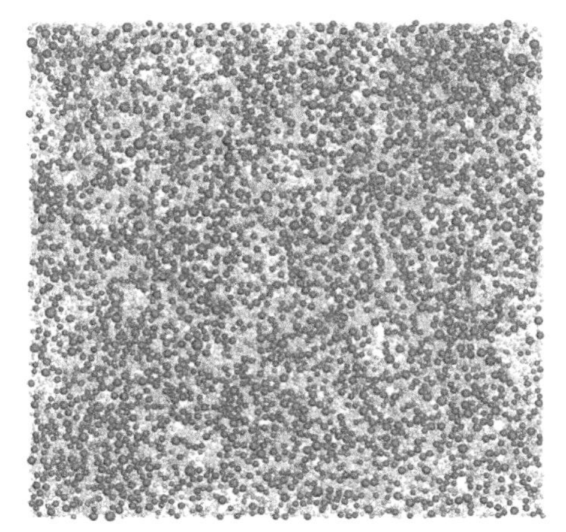

（a）颗粒集合 $G1$

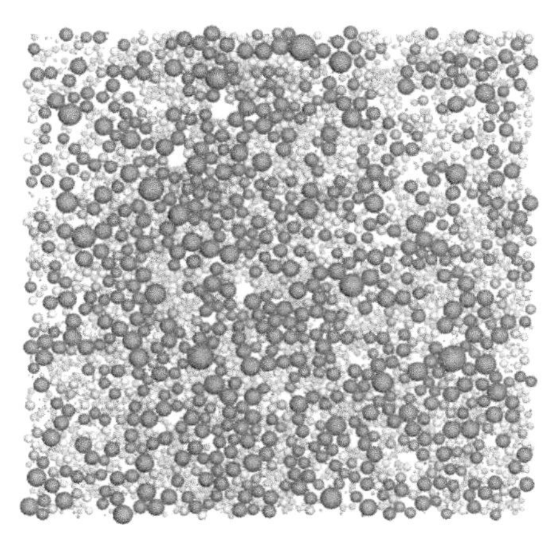

（b）颗粒集合 $G2$

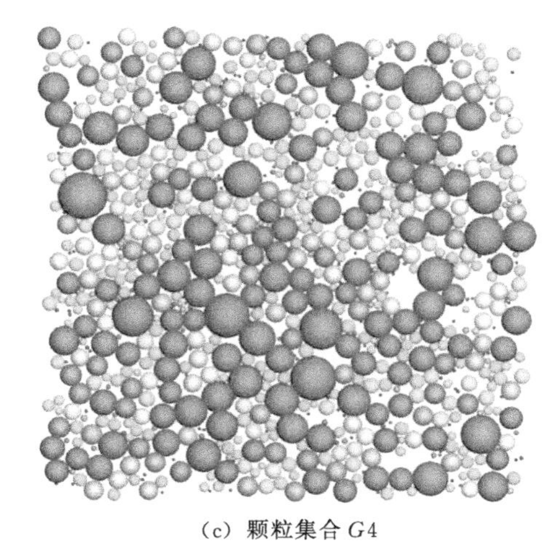

（c）颗粒集合 $G4$

图 4-7

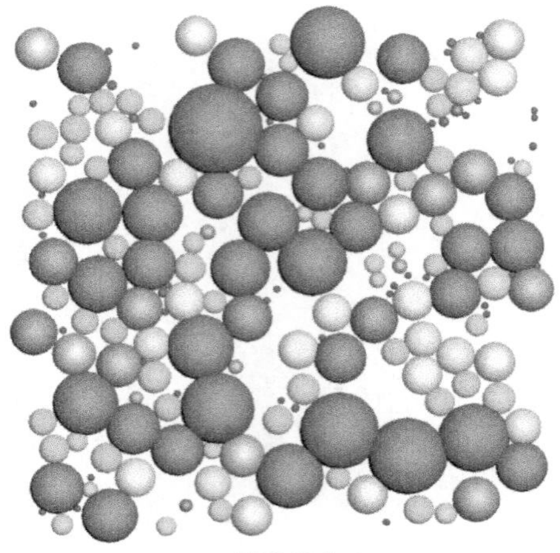

(d) 颗粒集合 $G8$

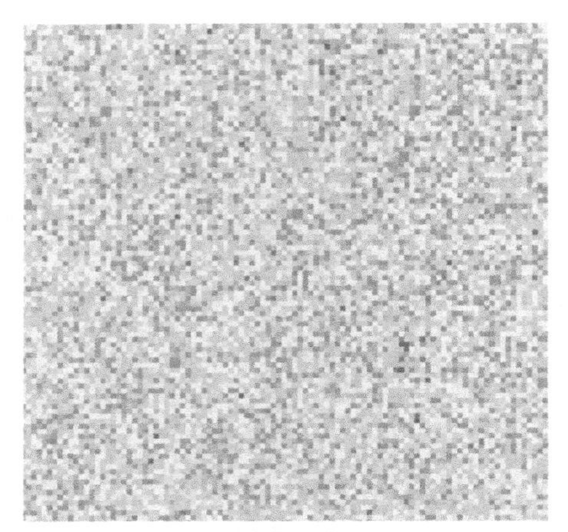

(e) 数值矩阵 $G1$

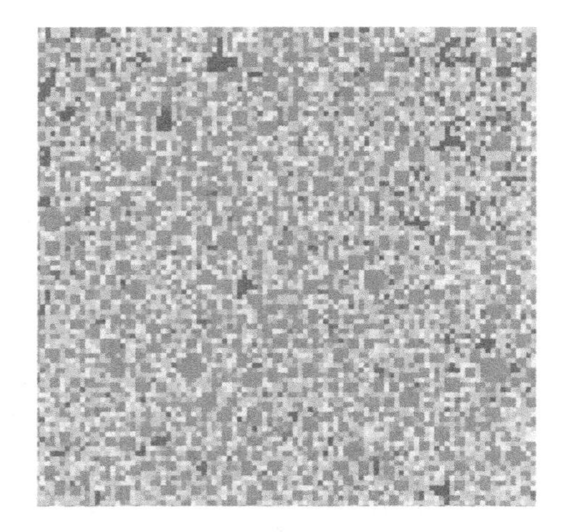

(f) 数值矩阵 $G2$

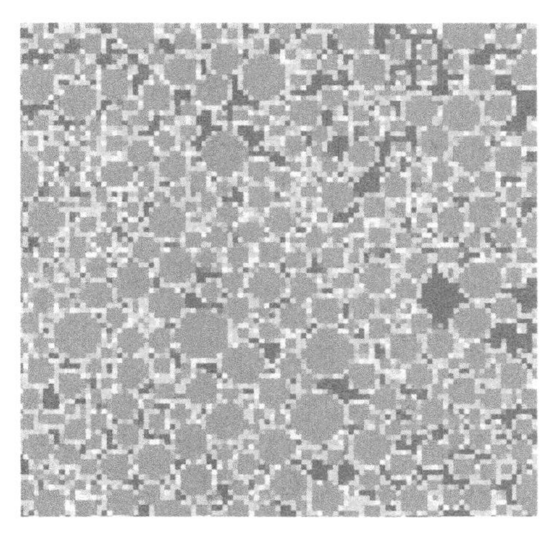

(g) 数值矩阵 $G4$

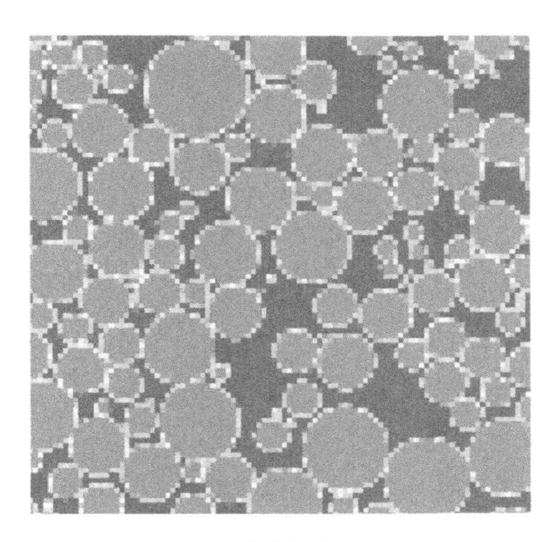

(h) 数值矩阵 $G8$

图 4-7 粒径高斯分布的颗粒集合及数值化图像

表 4-3 列出了不同颗粒集合的特征参数，包括最大粒径 r_{max}、最小粒径 r_{min}、平均粒径 r 以及平均颗粒数量。四组满足均匀分布的颗粒集合分别为 $U1$、$U2$、$U4$ 和 $U8$，它们对应的粒径分布范围成比例扩大。高斯粒径分布的颗粒集合也同样满足这一条件。相同数字代表的均匀分布颗粒集合和高斯分布颗粒集合具有相同的平均颗粒粒径。对于高斯分布颗粒集合，高斯分布的标准偏差取值为 $(r_{max}-r_{min})/2$。

表 4-3　两类随机分布颗粒集合的特征参数

项目	均匀分布				高斯分布			
组名	$U1$	$U2$	$U4$	$U8$	$G1$	$G2$	$G4$	$G8$
堆积密度	0.7074	0.7132	0.7143	0.6933	0.7141	0.7156	0.6999	0.7067
颗粒数	19617	4894	1216	291	12950	3214	791	210
r_{min}	0.003	0.006	0.012	0.024	0.001	0.002	0.004	0.008
r_{max}	0.005	0.010	0.020	0.040	0.007	0.014	0.028	0.0056
r	0.004	0.008	0.016	0.032	0.004	0.008	0.016	0.032

分析窗口区域为$[0,1]\times[0,1]$，因此$M=N$。采用离散元法生成颗粒试样时设置的堆积密度为0.7，但由于分析窗口区域略小于颗粒集合所占区域，所以最终各集合的堆积密度在0.7周围浮动，具体数值见表4-3。由于所有堆积密度的浮动范围很小，可以认为各集合主方差之间的差距与堆积密度无关。

采用上节介绍的主成分分析方法（PCA）分析上述颗粒集合，对于每组颗粒，最终得到的主方差为10次随机样本的均值。

图4-8(a)和（b）为$U1(100)$和$G1(100)$的前三个主模态，可以看出随机颗粒集合的主模态不再像规则颗粒集合一样表面出明显的规律性。

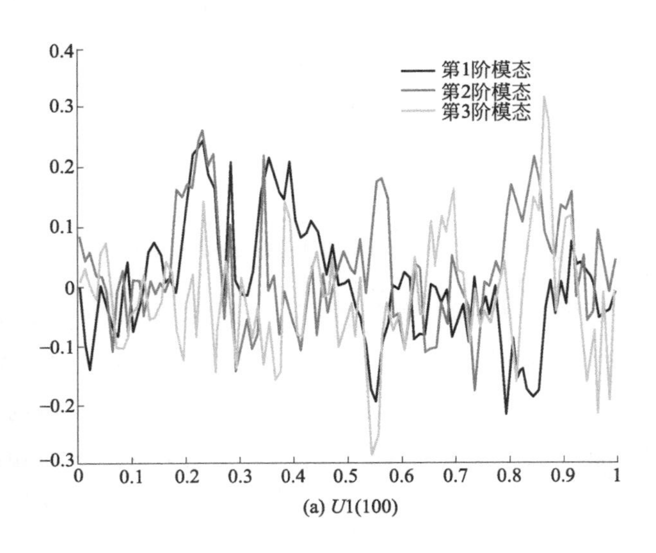

(a) $U1(100)$

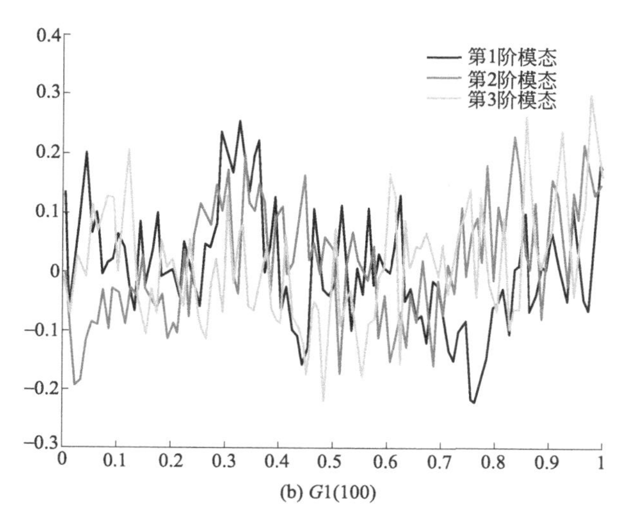

(b) $G1(100)$

图 4-8 随机颗粒集合数值矩阵的主模态

4.4.2 颗粒集合的相似性评价

图 4-9 为 $U1$ 和 $G1$ 两组颗粒集合的 10 次随机样本在不同网格精度下（$N=$ 100,400,1600）的主方差函数，图中虚线为 10 次随机样本对应的主方差结果，实线为 10 次结果均值。可以看出 10 次样本的主方差在均值附近较小区域范围内分布，并且对于取值较小的主方差，随机样本之间的差距也越来越小。以上结果说明由相同颗粒粒径特征参数产生的随机样本表现出了相似的统计特性。

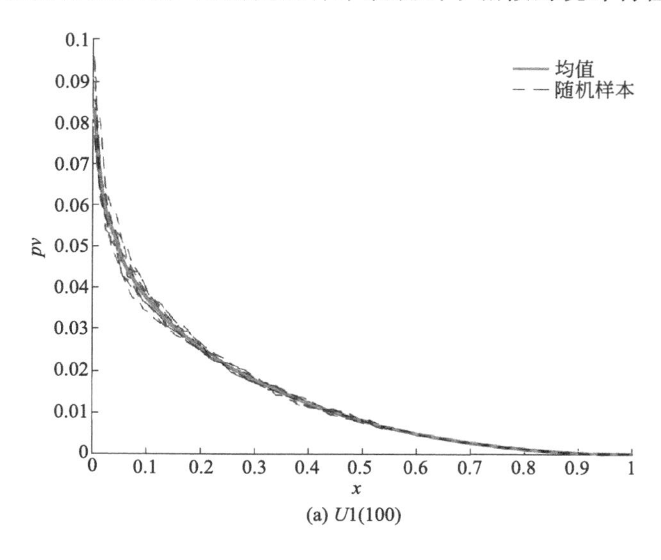

(a) $U1(100)$

图 4-9

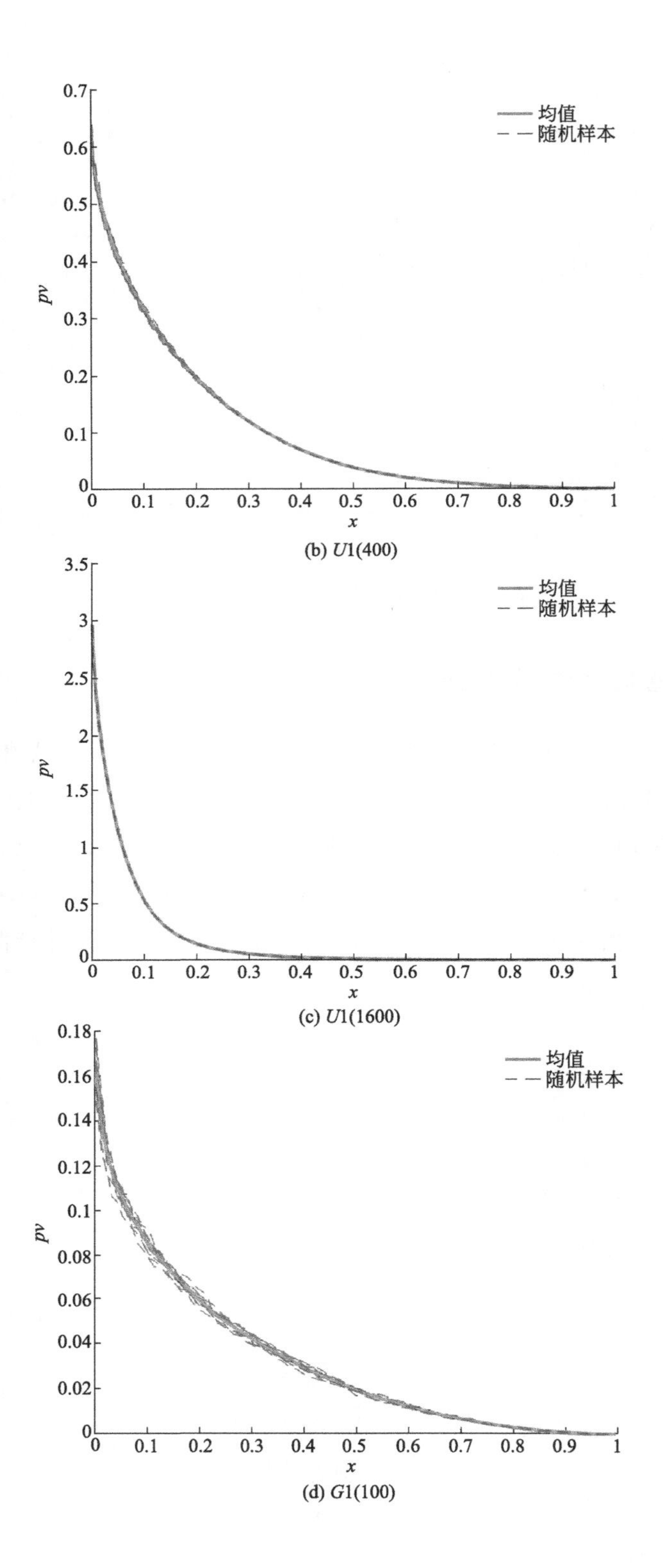

(b) $U1(400)$

(c) $U1(1600)$

(d) $G1(100)$

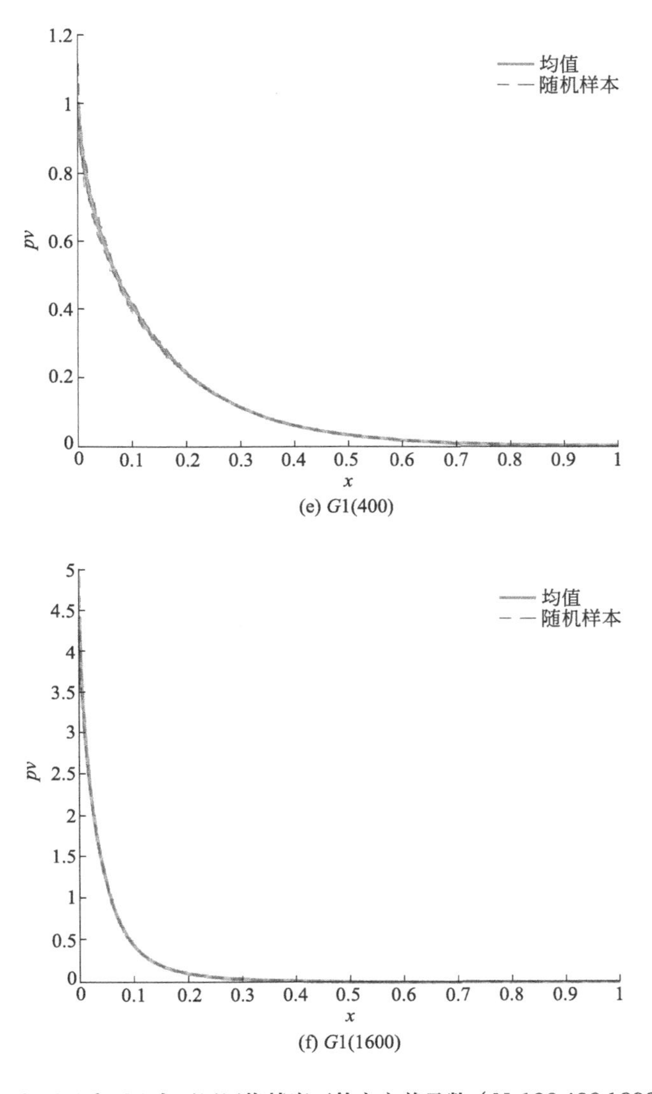

(e) $G1(400)$

(f) $G1(1600)$

图 4-9 $U1$ 和 G1 在不同网格精度下的主方差函数（N=100,400,1600）

为了定量研究各组颗粒集合 10 组随机样本之间的不相似性，根据式(4.20)计算了不同网格精度下各样本方差与 10 组随机样本方差均值之间的不相似系数。各组集合不相似系数的均值列于表 4-4 中。两类不同颗粒粒径分布中对应组(Ui-Gi，$i=1,2,4,8$）的不相似系数列于表 4-5 中，不相似系数由 10 组随机样本的平均值计算得到。

表 4-4　各组颗粒集合随机样本之间的不相似系数

N	$U1$	$U2$	$U4$	$U8$	$G1$	$G2$	$G4$	$G8$
1600	0.0094	0.0196	0.0374	0.0621	0.0160	0.0239	0.0401	0.1301
800	0.0101	0.0199	0.0366	0.0599	0.0161	0.0231	0.0371	0.1193
400	0.0126	0.0215	0.0372	0.0602	0.0178	0.0238	0.0371	0.1200
200	0.0201	0.0261	0.0397	0.0622	0.0223	0.0266	0.0387	0.1235
100	0.0378	0.0379	0.0465	0.0662	0.0286	0.0335	0.0435	0.1303

表 4-5　两类颗粒集合中对应组之间的不相似系数

N	$U1$-$G1$	$U2$-$G2$	$U4$-$G4$	$U8$-$G8$
1600	0.1610	0.1616	0.1835	0.1471
800	0.1792	0.1672	0.1892	0.1421
400	0.2329	0.1851	0.1970	0.1439
200	0.3459	0.2359	0.2153	0.1482
100	0.5021	0.3427	0.2634	0.1577

为了更直观地对比不相似系数，将以上计算得到的结果绘于图 4-10。可以看出，随着 N 的增加，不相似系数逐渐减小，不同组的不相似系数最终都收敛于 0.16 左右。

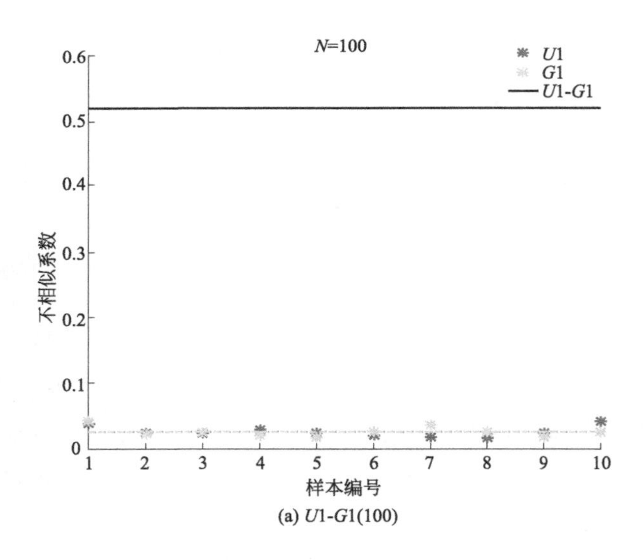

(a) $U1$-$G1$(100)

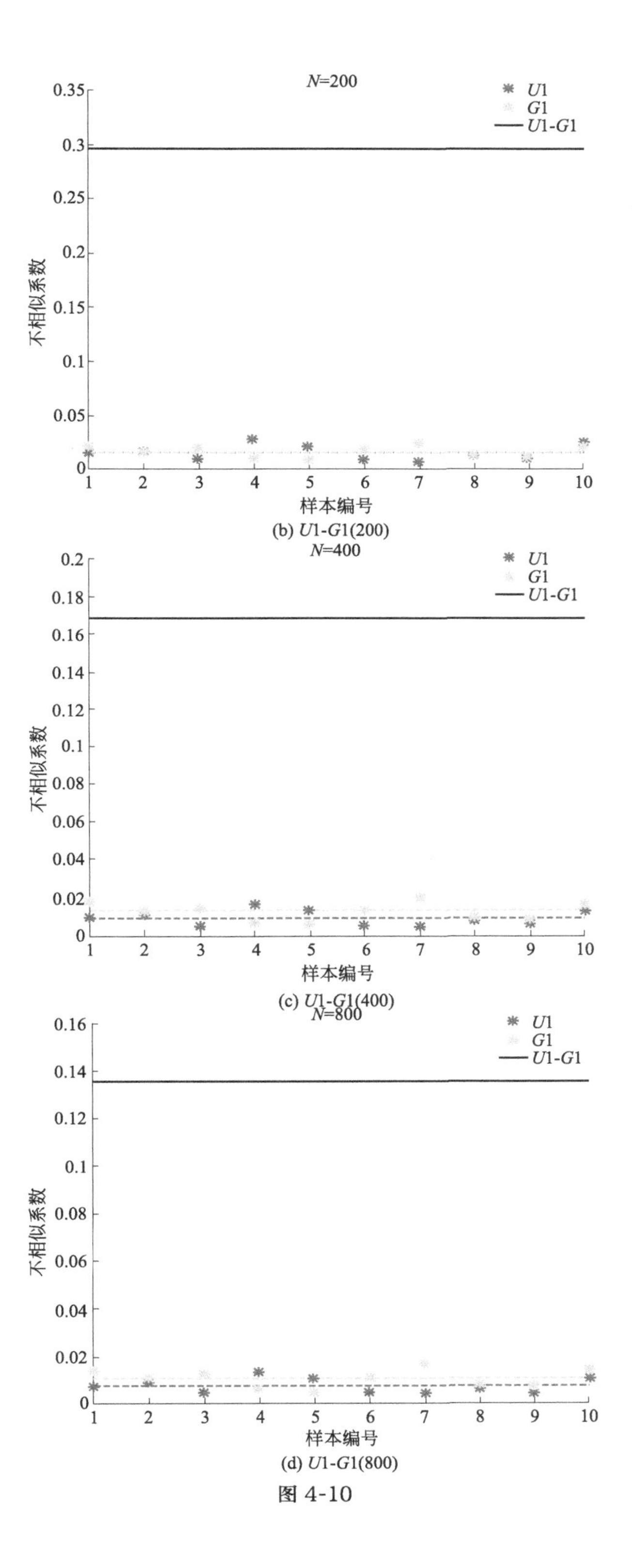

(b) $U1$-$G1$(200)

(c) $U1$-$G1$(400)

(d) $U1$-$G1$(800)

图 4-10

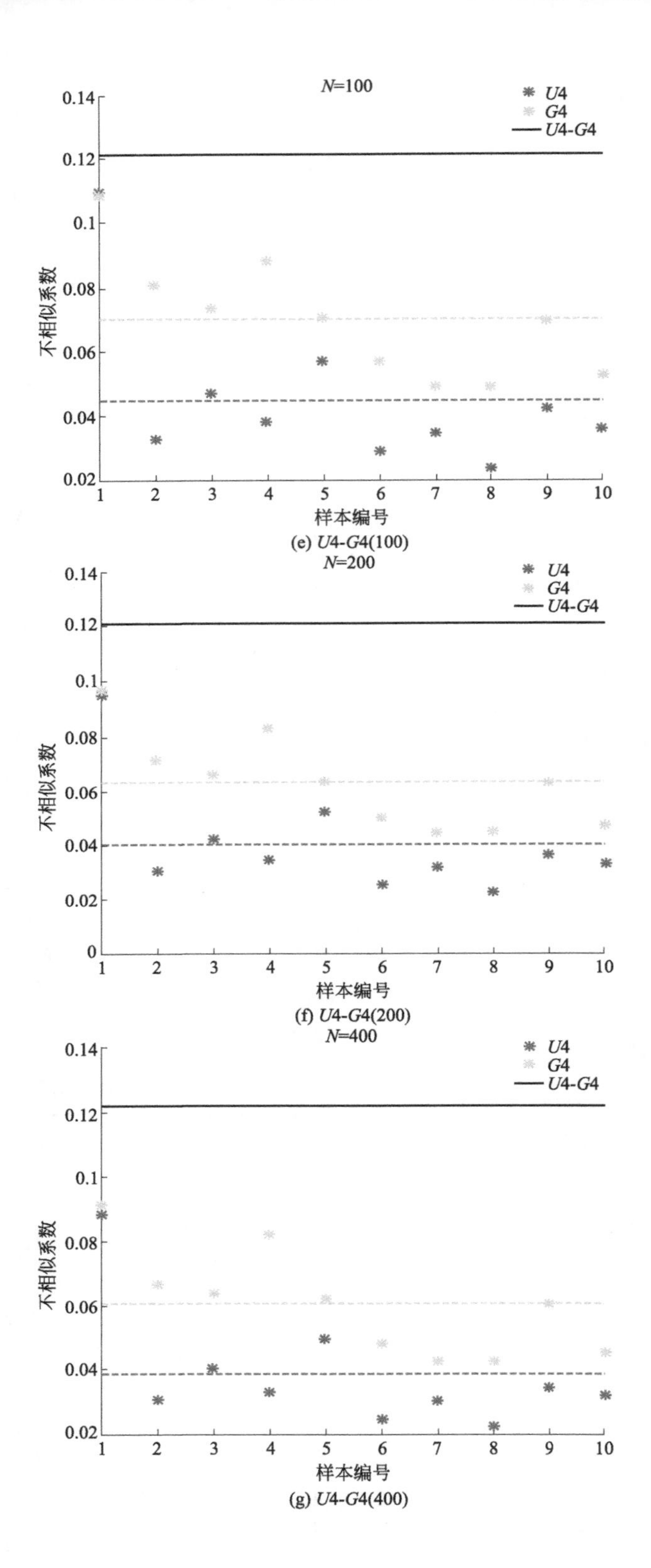

(e) U4-G4(100)

(f) U4-G4(200)

(g) U4-G4(400)

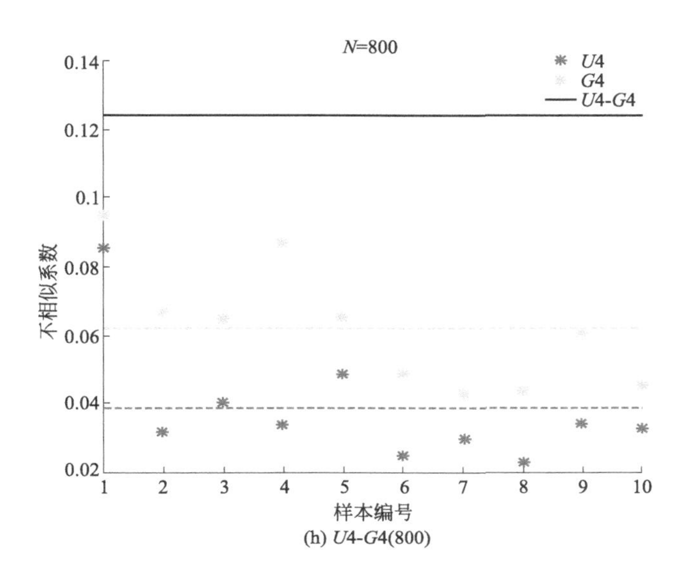

(h) U4-G4(800)

图 4-10 不同颗粒集合的不相似系数

通过观察不相似系数的最终结果，可以得到以下结论：

① 各组中 10 次随机样本之间的差距很小，相似性指标可以达到 99，但随着颗粒数目的减小，样本之间的不均匀性有增大的趋势；

② 粒径分布不同的颗粒集合之间的不相似系数明显大于组内各随机样本之间的不相似系数，说明主方差方程可以反映颗粒集合的细观特性。

4.4.3 颗粒集合的均匀性及各向异性

(1) 均匀性

对于同一个颗粒集合，可以通过移动分析窗口获得颗粒集合内部不同位置处的主方差函数，并计算它们之间的不相似系数，如果颗粒集合空间排布均匀，就会得到一组较小且均匀分布的不相似系数。

同样也可以选择颗粒集合全局矩阵中不同位置的子矩阵进行分析，得到各子矩阵之间的不相似系数评价颗粒集合的空间分布特性。以 $U1(1600)$ 和 $G1(1600)$ 为例，在两个颗粒集合的全局数值矩阵中随机选择相同大小的子矩阵，并计算这些矩阵的主方差函数。三种子矩阵的尺寸分别为 800×800、400×400 以及 200×200，对应分析窗口的范围分别为 [0.5×0.5]、[0.25×0.25] 以及 [0.2×0.2]，对应的子矩阵个数分别为 10、20 和 40。对于相同尺寸的子矩阵，计算其主方差函数的不相似系数及平均不相似系数。

图 4-11（彩图见书后）为四组颗粒集合 $U1(1600)$，$U4(1600)$，$G1(1600)$，$G4(1600)$ 在三种子矩阵计算下得到的主方差函数。X 轴采用对数坐标放大不同主方差结果之间的差距。计算不同子矩阵及子矩阵与全局矩阵之间的不相似系数列于表 4-6 和图 4-12 中。

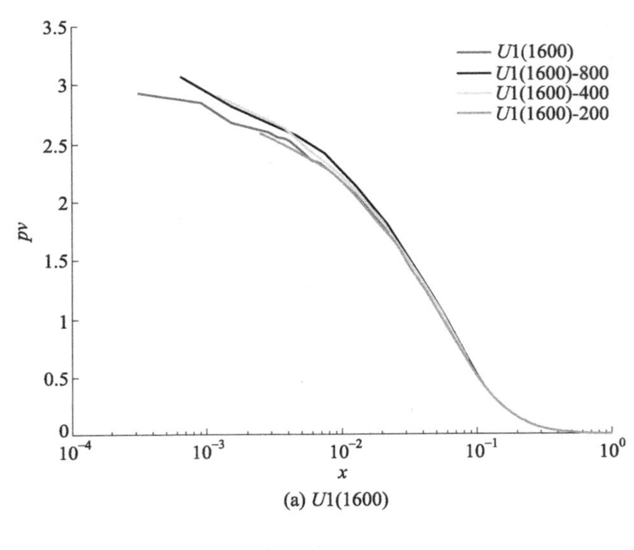

(a) $U1(1600)$

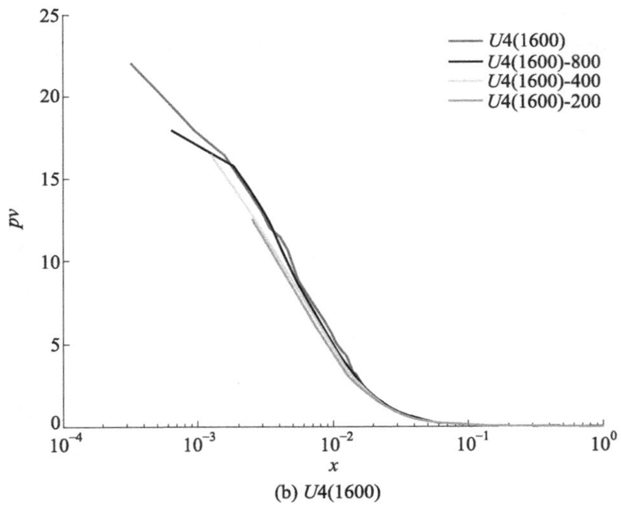

(b) $U4(1600)$

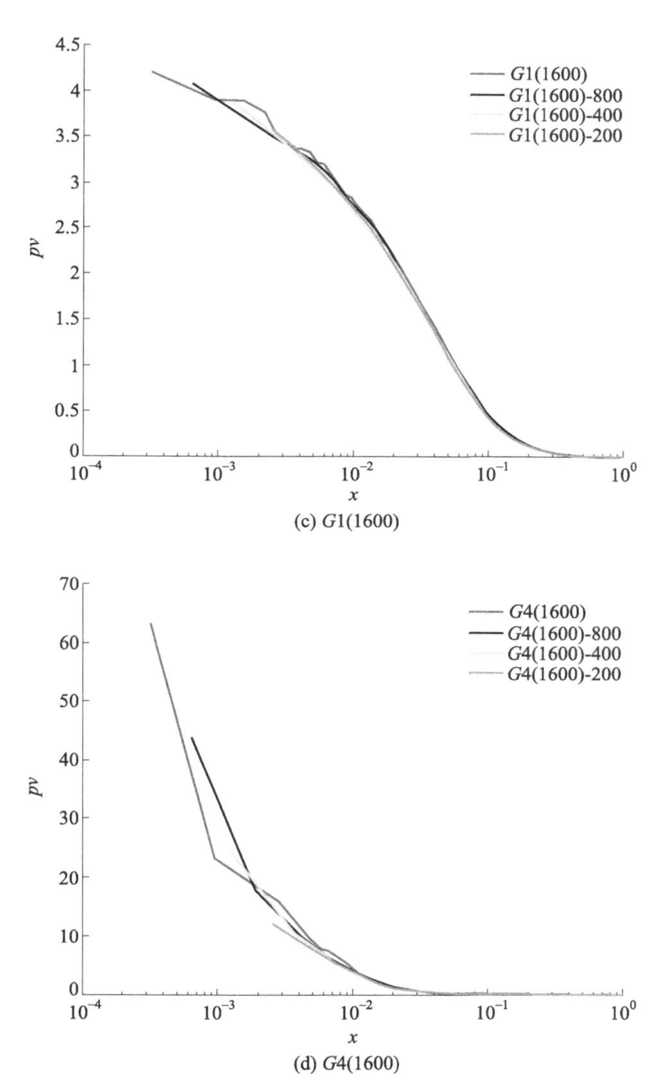

(c) $G1(1600)$

(d) $G4(1600)$

图 4-11 不同尺寸子矩阵对应的主方差函数

表 4-6 四种颗粒集合三类子矩阵的不相似系数

项目	子矩阵-子矩阵			子矩阵-全局矩阵		
子矩阵尺寸	800	400	200	800	400	200
$U1(1600)$	0.012	0.037	0.050	0.010	0.009	0.014
$G1(1600)$	0.015	0.029	0.052	0.009	0.022	0.022
$U4(1600)$	0.054	0.095	0.167	0.038	0.069	0.109
$G4(1600)$	0.140	0.194	0.221	0.139	0.221	0.318

由表 4-6 中的数据可以看出，对于颗粒集合 $U1(1600)$ 和 $G1(1600)$，子矩阵之间以及子矩阵与全局矩阵之间的不相似系数取值很小，即使最小尺寸的子矩阵（200×200）对应的不相似系数也不超过 5%。然而对于颗粒集合 $U4(1600)$ 和 $G4(1600)$，由于所含颗粒数量较少，不相似系数明显增大，最小尺寸的子矩阵计算得到的不相似系数在 20%～30%之间，说明很难在颗粒数量较小时随机生成均匀排布的颗粒集合。

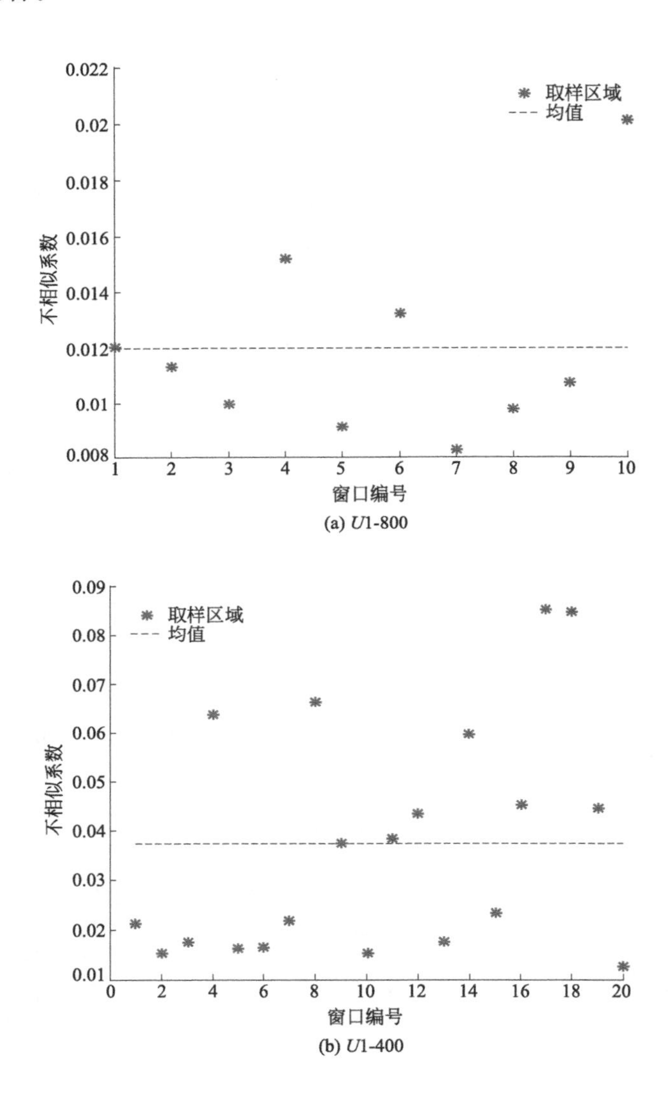

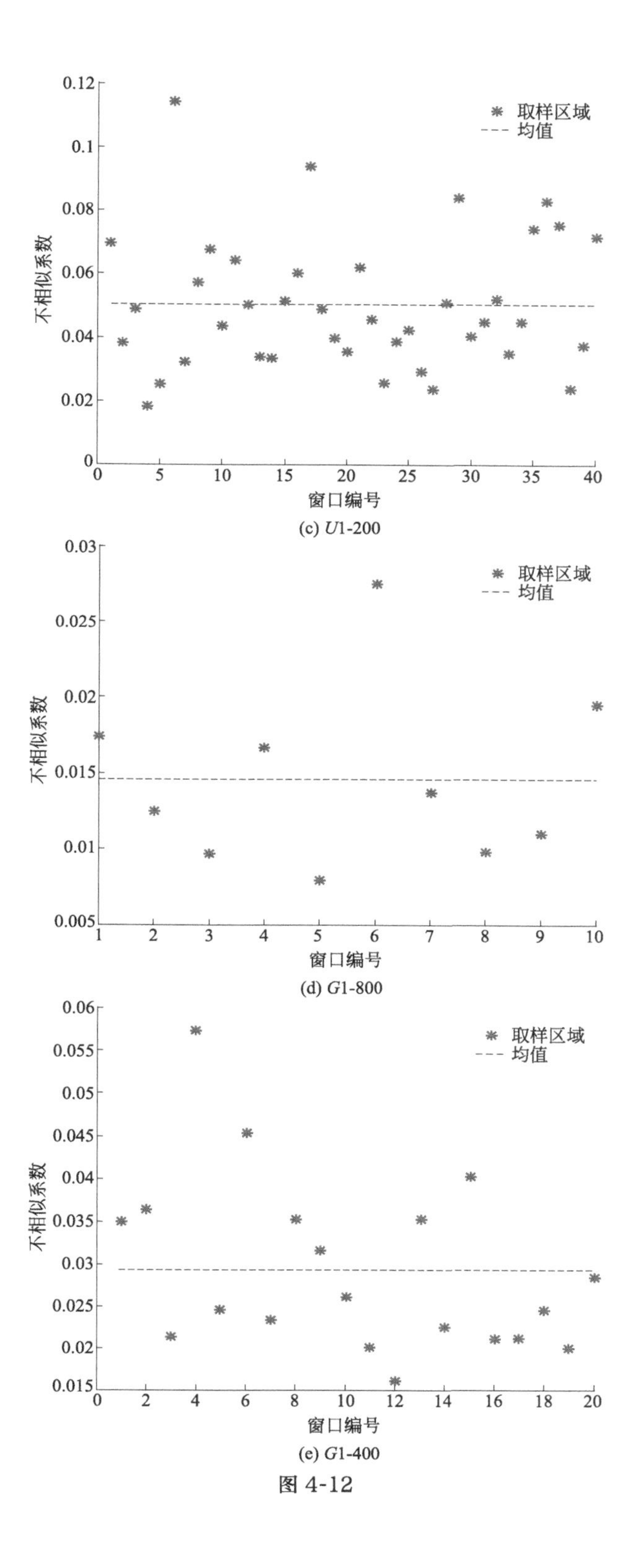

(c) U1-200

(d) G1-800

(e) G1-400

图 4-12

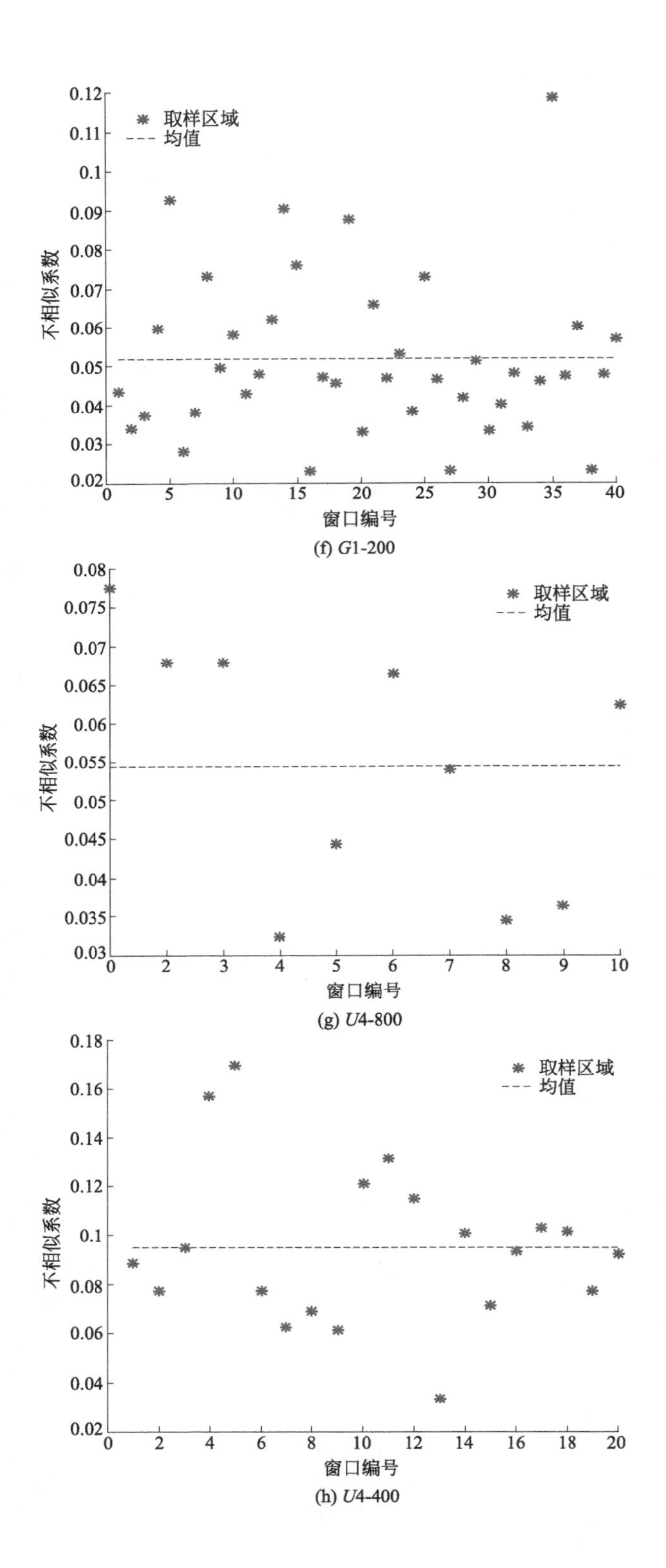

(f) G1-200

(g) U4-800

(h) U4-400

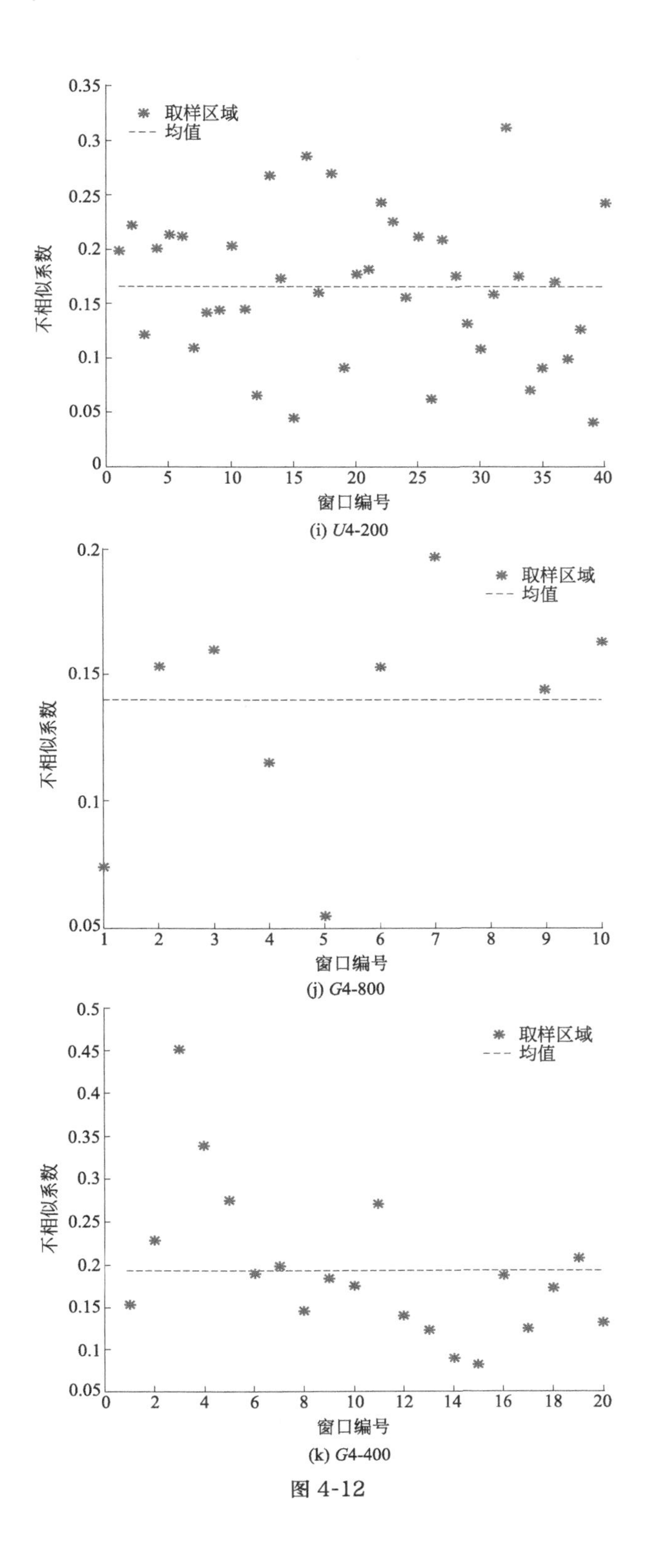

(i) *U*4-200

(j) *G*4-800

(k) *G*4-400

图 4-12

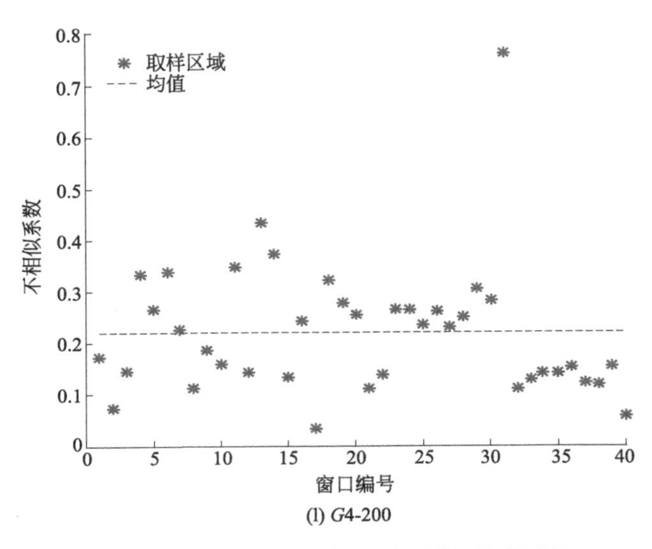

(l) $G4$-200

图 4-12　不同颗粒集合随机子矩阵的不相似系数

从图 4-12 可以看出，颗粒集合中子矩阵的不相似系数分布并不稳定，相比而言，颗粒集合 $U1$(1600) 和 $G1$(1600) 子矩阵的不相似系数波动范围较小，而颗粒集合 $U4$(1600) 和 $G4$(1600) 的不相似系数变化幅度很大，这与表 4-6 所得结论一致。

(2) 各向异性

分别对颗粒集合矩阵进行列向主成分分析和行向主成分分析，可以评价颗粒集合在水平及垂直方向的分布特性。通过在 0°～180°之间旋转分析窗口，可以对颗粒集合进行任意方向的主成分分析，见图 4-13(a)，通过计算不同角度分析窗口的主方差函数（pv）和不相似系数（D_c），可以对颗粒集合空间排布的各向异性进行评价。以颗粒集合 $G1$ 为例，选择分析窗口的尺寸为 [0.5×0.5]，采用两种精度的网格进行分析（$N=100,400$），计算得到的不相似系数见图 4-13(b)。

通过观察主方差函数 pv 的结果，也可以对颗粒集合的各向异性进行评价。图 4-14(a) 所示为 $U4$ 组对应的随机颗粒集合，为了增强该集合的各向异性，人为删除中间区域的一部分颗粒。对该颗粒排布进行列向及行向的主成分分析，将计算得到的 pv 绘于图 4-14(b)，两条曲线之间的明显差异证明了主方差可以捕捉到颗粒集合排布的各向异性。

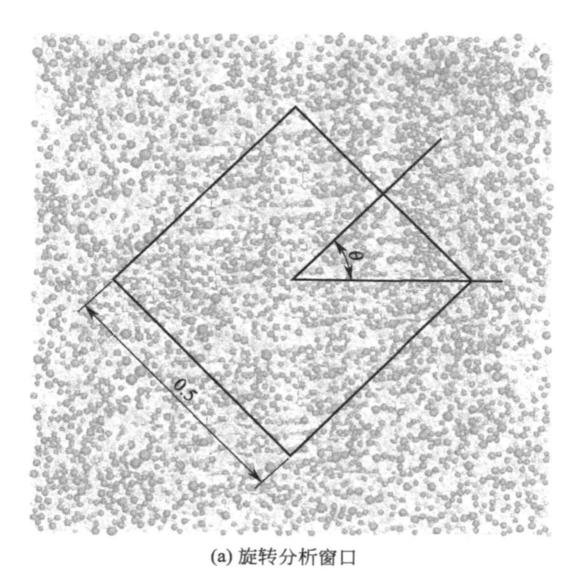

(a) 旋转分析窗口

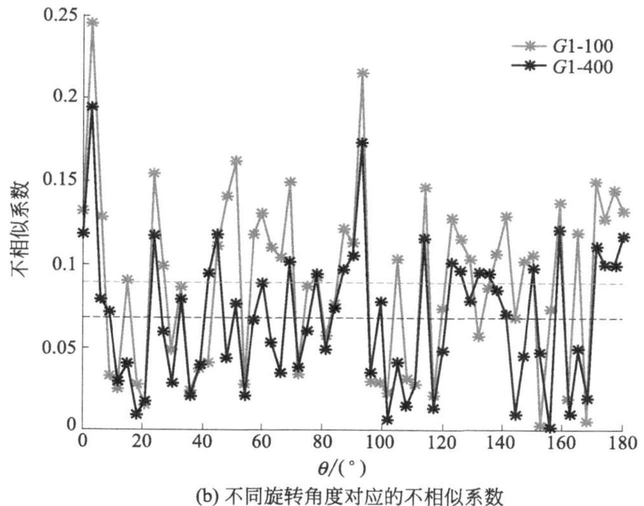

(b) 不同旋转角度对应的不相似系数

图 4-13 颗粒集合各向异性分析

4.4.4 颗粒集合密度的影响

为了研究颗粒集合堆积密度对颗粒集合数值矩阵主方差函数的影响，在 $U4$ 和 $G4$ 颗粒集合的基础上，再分别生成堆积密度 $\rho=0.65$ 的 10 个随机颗粒样本，计算两组颗粒集合内部不同堆积密度样本之间在不同精度网格（$N=1600,800,400,200,100$）下的不相似系数列于表 4-7 中，结果在 10%左右。随着堆积密度

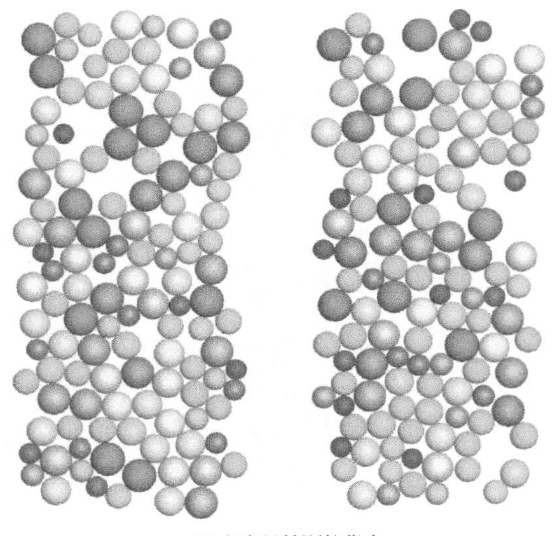

(a) 各向异性颗粒集合

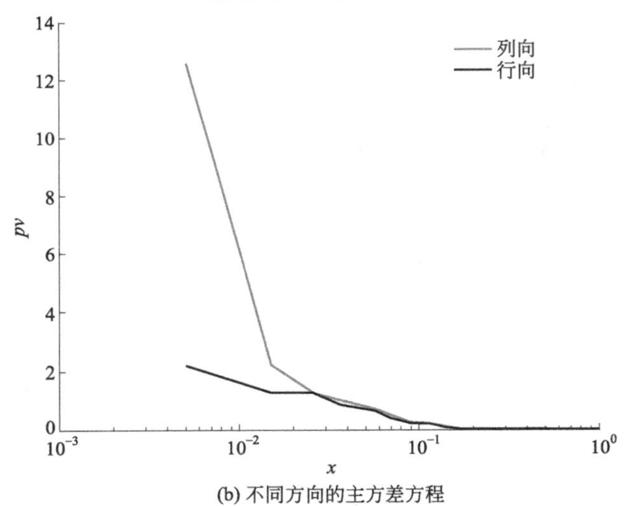

(b) 不同方向的主方差方程

图 4-14　颗粒集合行向及列向的各向异性分析

的降低，颗粒集合的不相似系数有增加的趋势。这一现象可以由式(4.4) 中堆积密度与方差之间的关系来解释，当堆积密度 $\rho_A=0.5$ 时，颗粒集合具有最大的总方差，即颗粒排布的不均匀性最强。对当前算例来说，当颗粒集合的堆积密度由 0.7 降低到 0.6，会增加颗粒集合的总方差，导致不相似系数增大。当前算例可以进一步说明颗粒数值矩阵的主方差函数可以作为颗粒集合排布特性的评价指标。

表 4-7　不同堆积密度颗粒集合的不相似系数

项目	$N=1600$	$N=800$	$N=400$	$N=200$	$N=100$
$U4$	0.0659	0.0670	0.0684	0.0714	0.0783
$G4$	0.0986	0.0976	0.0983	0.1019	0.1106

4.4.5　网格精度的影响

通过以上算例的结果可以看出，网格精度在很大程度上影响着颗粒集合的主方差函数。随着 N 的增大或者 h 的减小，总方差和主方差均会增大，并且会逐渐趋近于一个极限值。研究表明，当 $1/N$ 或者 h 趋于 0 时，总方差或者主方差趋近于极限值。表 4-4 和表 4-5 中的结果已经表现出了这种收敛现象。

4.4.6　缩尺颗粒集合的主方差

以上均匀分布颗粒组及高斯分布颗粒组的颗粒粒径是按照 2^m（$m=1,2,3$）的比例关系进行设计的，为研究主方差（或不相似系数）与颗粒集合粒径缩放系数提供了方便。

图 4-15(a) 为 $U2(800)$、$U4(400)$、$U8(200)$ 和 $U1(1600)$ 四组颗粒集合的主方差函数及对应的不相似系数，图 4-15(b) 为 $G2(800)$、$G4(400)$、$G8(200)$ 和 $G1(1600)$ 四组颗粒集合的主方差函数及对应的不相似系数。对于所有颗粒集

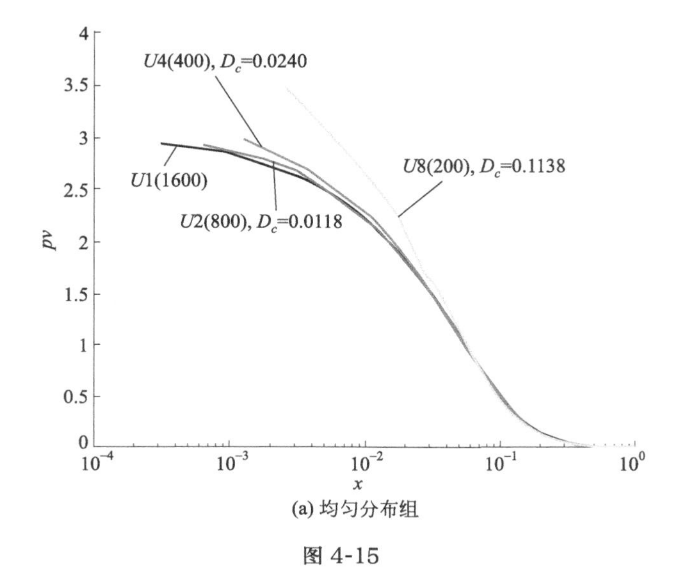

(a) 均匀分布组

图 4-15

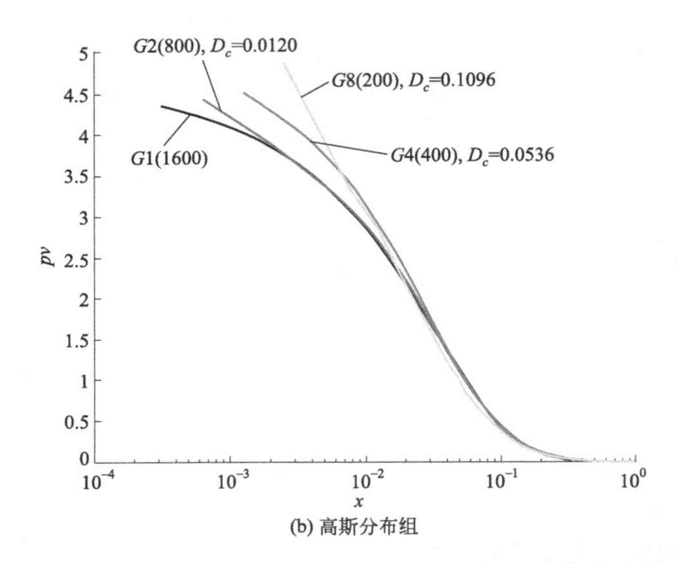

(b) 高斯分布组

图 4-15 颗粒粒径与网格尺寸比例为常数时颗粒集合的主方差函数

合，平均颗粒粒径和网格尺寸的比值 r/h 都为 0.15。可以明显看出，四组颗粒集合的主方差函数差距很小，最大值不超过 10%。高斯分布颗粒组的计算结果也表现出了相同的规律。因此，当 r/h 或 $r * N$ 为常数时，颗粒集合的主方差函数基本相同。

4.5 三维主成分分析方法

本节将反映颗粒集合排布特性的主成分分析方法从二维扩展到三维。采用高斯积分计算三维颗粒集合的体积占比矩阵，进而通过将截面矩阵转化为列向量组合得到颗粒集合对应的数值化矩阵。设计一系列满足不同分布特性的颗粒集合，充分研究颗粒集合特征参数与主方差函数之间的关系。研究表明，主方差和不相似系数可以反映颗粒集合的空间随机性、粒径分布、堆积密度等因素对集合特性的影响。同样可以采用主成分分析方法评价颗粒集合的均匀性及各向异性。以三轴实验中不断变化的颗粒集合为研究对象，分析了颗粒集合宏观特性与不相似系数之间的关系。

4.5.1 三维颗粒集合图像的数值化处理

由二维圆盘颗粒组成的颗粒集合为$\Omega_p=\bigcup_i \Omega_i$，其中$\Omega_i$为第$i$个颗粒所在区域，选定任意矩形区域$V$（$L_x \times L_y \times L_z$）作为分析窗口，分析窗口可以划分为$M \times N \times P$个矩形网格，网格尺寸$h=L_x/M=L_y/N==L_z/P$。将位于（$i$，$j$，$k$）处的网格记为$V_{ijk}$，该网格颗粒所占面积比例即灰度值，定义为：

$$v_{ijk}=\frac{|\Omega_g \cap V_{ijk}|}{|V_{ijk}|} \tag{4.32}$$

其中$|\Omega|$为区域Ω的体积；$|V|=L_xL_yL_z$；$|V_{ijk}|=h^3$。当网格不与任何颗粒重叠时，$v_{ijk}=0$；当网格完全被一个颗粒覆盖时，$v_{ijk}=1$；当网格部分与颗粒重叠时，$v_{ijk}<1$。因此，可以得到$v_{ijk} \in [0, 1]$。下面将讨论v_{ijk}的计算方法。

在三维网格中沿z方向第p层的所有体积占比组成一个$M \times N$的矩阵[见图4-16(a) 黄色区域]，可以看作原始三维颗粒集合在高度$z(p)$处的数值化表示[见图4-16(b)]。将该矩阵的所有行收尾相连，转化为一个包含$Q=MN$个单元的列向量，作为矩阵$\mathbf{V}_h$的第p列。对沿z方向的所有截面进行上述操作，可以得到原三维颗粒集合的数值化矩阵$\mathbf{V}_h$ [见图4-16(c)]。

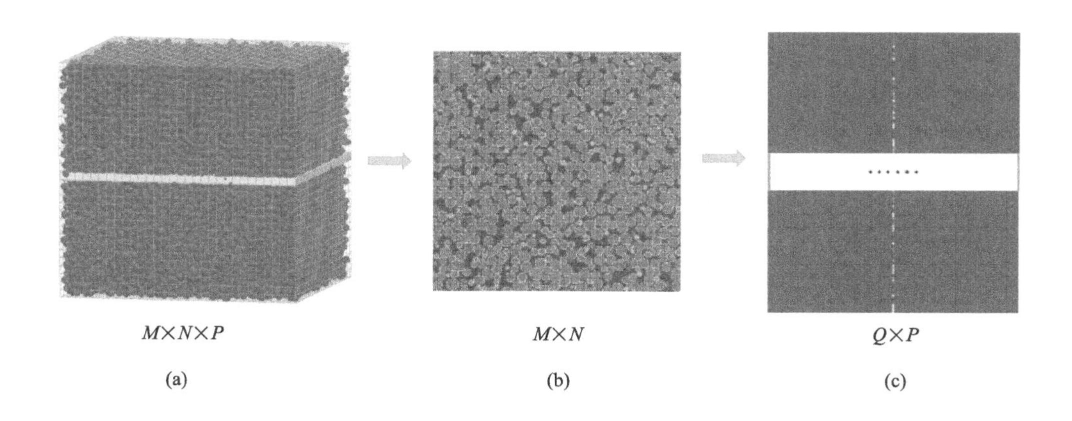

图4-16 三维随机颗粒集合及数值化矩阵（彩图见书后）

4.5.2 分析方法的数值过程

颗粒集合矩阵$\mathbf{V}_h$的平均值，即区域$\mathbf{V}$的堆积密度计算如下：

$$\rho_V \equiv \frac{|\Omega_g \cap V|}{|V|} = \frac{1}{QP}\sum_{i=1}^{Q}\sum_{j=1}^{P} v_{ij} \tag{4.33}$$

定义 $v(x)$ 为一材料分布函数，当 x 的位置位于颗粒内部时，该函数取值为 1，当 x 的位置位于空隙处时，该函数取值为 0。可以推导出，颗粒集合的总方差与堆积密度有如下关系：

$$\sigma_V = \frac{1}{|\Omega|}\int_{\Omega}(v-\rho_V)^2 \mathrm{d}\Omega = \rho_V(1-\rho_V) \tag{4.34}$$

类似地，颗粒集合矩阵的总方差定义为：

$$\sigma_h = \frac{1}{QP}\sum_{i=1}^{Q}\sum_{j=1}^{P}(v_{ij}-\rho_V)^2 \leqslant \sigma_V \tag{4.35}$$

颗粒集合的总方差是任意颗粒集合矩阵总方差的上限。

定义 q_j 为颗粒集合矩阵$\boldsymbol{V}_h$ 第 j 列的均值：

$$q_j = \frac{1}{Q}\sum_{i=1}^{Q} v_{ij} \tag{4.36}$$

颗粒集合矩阵$\boldsymbol{V}_h$ 中的各项减去各列的平均值，得到列向中心化矩阵 $\overline{\boldsymbol{V}}_P$：

$$\overline{\boldsymbol{V}}_P = \boldsymbol{V}_h - \boldsymbol{e}_Q \boldsymbol{q}_P \tag{4.37}$$

式中　$\boldsymbol{e}_Q$——$Q\times 1$ 的单位列向量。

$\overline{\boldsymbol{V}}_P$ 的协方差矩阵定义为：

$$\boldsymbol{S}_P = \frac{1}{Q}\overline{\boldsymbol{V}}_P^{\mathrm{T}}\overline{\boldsymbol{V}}_P \tag{4.38}$$

式中　$\boldsymbol{S}_P$——$P\times P$ 的方阵。

进一步定义列向总方差为：

$$\sigma_P^c = \frac{1}{P}\mathrm{Tr}(\boldsymbol{S}_P) = \frac{1}{P}\sum_{i=1}^{P}(\boldsymbol{S}_P)_{ii} \tag{4.39}$$

通过求解协方差矩阵的特征值问题，得到以下矩阵分解：

$$\boldsymbol{S}_P \boldsymbol{U}_P = \boldsymbol{U}_P \boldsymbol{D}_P \tag{4.40}$$

其中

$$\boldsymbol{S}_P = \boldsymbol{U}_P \boldsymbol{D}_P \boldsymbol{U}_P^{\mathrm{T}} = \sum_{i=1}^{P-1} d_i \boldsymbol{u}_{\mathrm{i}} \boldsymbol{u}_i^{\mathrm{T}}$$

其中对角矩阵$\boldsymbol{D}_P = \mathrm{diag}\{d_i\}$为所有特征值 d_i 的降序排列，在这里称为主方差 pv；$\boldsymbol{U}_N = \{\boldsymbol{u}_i\}$为正交单位向量组，称为主模态。由于$\overline{\boldsymbol{V}}_P$ 为列向中心化矩阵，$\boldsymbol{S}_P$ 为半正定矩阵包含至少一个零主方差。主方差之和与列向总方差之间存在如下关系：

$$\frac{1}{P}\sum_{i=1}^{P} d_i = \sigma_P^c \tag{4.41}$$

$\boldsymbol{S}_P$ 可以由主方差和主模态计算得到：

$$\boldsymbol{S}_P = \boldsymbol{U}_P \boldsymbol{D}_P \boldsymbol{U}_P^{\mathrm{T}} = \sum_{i=1}^{P-1} d_i \boldsymbol{u}_i \boldsymbol{u}_i^{\mathrm{T}} \tag{4.42}$$

综上，列向总方差 σ_P^c、均值向量$\boldsymbol{q}_P$、主方差矩阵$\boldsymbol{D}_P$ 以及对应模态$\boldsymbol{U}_P$ 共同组成了颗粒集合的评价指标集合，即：

$$C_P = \{\sigma_P^c, \boldsymbol{q}_P, \boldsymbol{D}_P, \boldsymbol{U}_P\} \tag{4.43}$$

其中主方差 pv 是最重要的颗粒集合图像评价指标。

4.5.3 规则网格体积占比的计算方法

以上数值过程中最耗费时间的步骤为网格单元颗粒体积占比的计算。在二维情况下，可以根据圆形解析函数与网格点的重叠关系进行分类计算，得到面积占比的解析解，但在三维情况下，立方体与球体之间的重叠关系复杂，很难通过解析方法得到网格单元的体积占比，因此采用如下两种方法得到网格体积占比的数值解。

第一种方法为面积法，由二维情况下矩形与圆形相交面积计算方法发展而来，将三维颗粒集合在 x-y 平面上的重叠面积沿 z 方向进行高斯积分，网格单元的平均体积占比由下式计算：

$$v_{ijk} = \int_{-h/2}^{h/2} a_{ij}(z)\mathrm{d}z = \sum_{l=1}^{n} w_l a_{ij}(z_l) \tag{4.44}$$

式中　$a_{ij}(z)$ ——高度为 z 处截面的平均面积占比；

z_l，w_l——高斯积分点及相应权重。

第二种方法为积分点法，只需要判断选定积分点是否在颗粒单元内。每一个网格单元内选择一定数量的积分点，积分点有两种质量分布取值，位于颗粒单元内时取值为 1，位于颗粒单元以外则取值为 0。同样采用高斯积分方法选定积分点位置及权重值。则网格单元的平均体积占比由下式计算：

$$v_{ijk} = \sum_{l=1}^{n}\sum_{s=1}^{n}\sum_{t=1}^{n} w_{lst} v(x_l, y_s, z_t) \tag{4.45}$$

式中　w_{lst}，(x_l, y_s, z_t) 和 $v(x_l, y_s, z_t)$——高斯积分点的权重，位置坐标和质量分布值。

采用不同算例对比以上两种计算方法，生成颗粒数量分别为 1、8、64 的规则排列颗粒集合，记为 $R1$、$R8$ 和 $R64$，三种集合的颗粒堆积密度都为 $\rho=\frac{\frac{4}{3}\pi R^3}{(2R)^3}=\frac{\frac{4}{3}\pi}{8}=0.5236$。颗粒集合区域被划分为 $N\times N\times N$ 个网格单元，选择三种网格精度 $N=25$，50，100。采用面积法计算时，当高斯点取值为 3 时就可以得到足够精确的结果。采用积分点法计算时，分别尝试了积分点数量为 1 和 3 两种情况。表 4-8 中列出了所有不同计算格式下得到的颗粒集合堆积密度，表 4-9 列出了不同情况对应的第一主方差，可以看出在高斯点个数合理的情况下，两种方法的计算精度相差不大。

表 4-8　三种规则排列颗粒集合在不同计算格式下的堆积密度

N	$R1$			$R8$			$R64$		
	1 点	3 点	面积	1 点	3 点	面积	1 点	3 点	面积
25	0.5259	0.5231	0.5236	0.5212	0.5230	0.5232	0.5212	0.5232	0.5235
50	0.5260	0.5238	0.5236	0.5259	0.5231	0.5236	0.5212	0.5230	0.5232
100	0.5240	0.5236	0.5236	0.5260	0.5238	0.5236	0.5231	0.5231	0.5236

表 4-9　三种规则排列颗粒集合在不同计算格式下的第一主方差

N	$R1$			$R8$			$R64$		
	1 点	3 点	面积	1 点	3 点	面积	1 点	3 点	面积
25	11.715	11.623	11.587	12.043	11.187	11.140	12.043	9.817	9.781
50	22.291	22.434	23.450	23.401	23.217	23.146	24.056	22.347	22.253
100	47.026	47.053	47.054	46.567	46.853	46.885	46.788	46.420	46.279

4.5.4　重复排列颗粒集合的特性

在二维情况下我们知道对于重复或者周期排列的颗粒集合，当重复次数为 m 时，得到颗粒集合主方差的前 $1/m$ 个主方差为基本颗粒排列主方差的 m 倍，这一结论对三维情况同样成立。以上述三种规则排列的颗粒集合为例，将 $R1$ 看作基本颗粒排列，则 $R8$ 为将 $R1$ 重复 2 次，$R64$ 为将 $R1$ 重复 4 次或者将 $R8$ 重复 2

次。从表 4-9 中结果可以看出，$R64(100)$ 的第一主方差是 $R8(50)$ 的 2 倍，是 $R1(25)$ 的 4 倍。这里不同颗粒集合采用不同精度网格是为了保证相对精度一致。

4.5.5 分析窗口的选取

对于三维颗粒集合，不要求分析窗口一定为立方体，只要分析窗口沿 z 方向的截面积一致，就可以将其转化为含有相同数量元素的列向量，进而组成最终的数值化矩阵$\mathbf{V}_h$。如图 4-17 所示，分析窗口可以为圆柱体，沿 z 轴的截面积为相同的圆形区域，区域内的单元将组成颗粒集合的图像矩阵。

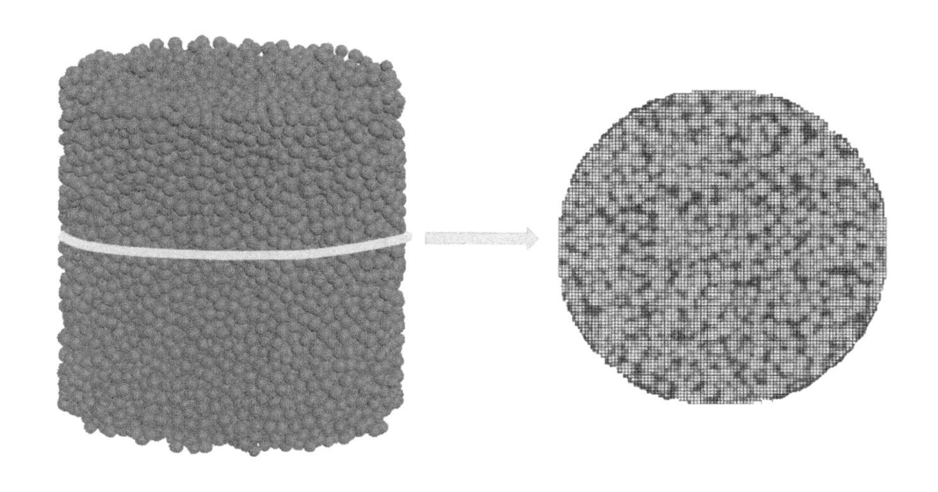

图 4-17 圆柱体分析窗口

4.6 三维颗粒集合评价

本节将深入研究上述定义的主方差函数和不相似系数如何定量表征三维颗粒集合的空间排布特性。根据以上研究可知，采用不同计算格式得到的颗粒集合数值化矩阵差距很小，所以以下研究都采用面积法计算得到的数值化矩阵进行分析。

4.6.1 数值试样

在[−0.5，−0.5，−0.5]×[0.5，0.5，0.5]的区域内生成两类具有周期边界的随机颗粒集合，第一类集合中颗粒粒径均匀分布，第二类集合中颗粒粒径服从高斯分布。每一类包含3组在不同特征参数下生成的颗粒集合，且每组颗粒集合采用随机方式生成10次样本。

表4-10列出了不同颗粒集合的特征参数，包括r_{max}、r_{min}、r以及平均颗粒数，图4-18为对应的数值试样。三组满足均匀分布的颗粒集合分别为$U1$、$U2$和$UL2$，其中$U1$和$U2$具有相同的堆积密度0.6，且$U2$的颗粒粒径分布范围为$U1$的2倍，$UL2$与$U2$具有相同的粒径分布范围，但堆积密度较小为0.57。高斯粒径分布的颗粒集合也同样满足上述粒径及堆积密度设置。

表4-10 两类随机分布颗粒集合的特征参数

项目	均匀分布			高斯分布		
组名	$U1$	$U2$	$UL2$	$G1$	$G2$	$GL2$
堆积密度	0.6038	0.6062	0.5664	0.6026	0.6053	0.5673
平均颗粒数	16804	2094	1939	14770	1841	1701
最小粒径r_{min}	0.015	0.030	0.030	0.015	0.030	0.030
最大粒径r_{max}	0.025	0.050	0.050	0.025	0.050	0.050
平均粒径r	0.020	0.040	0.040	0.020	0.040	0.040

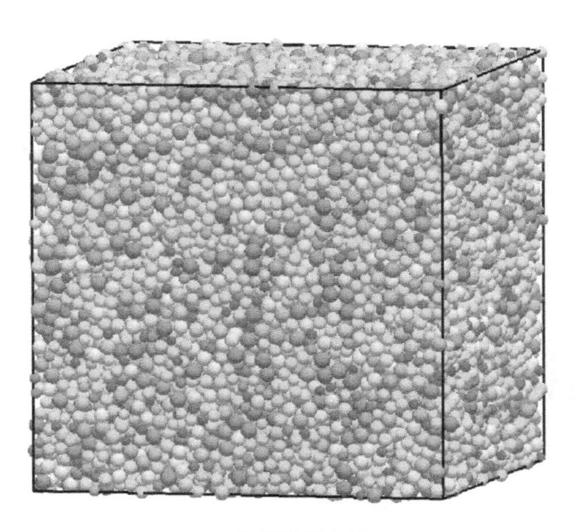

(a) 颗粒集合$U1$

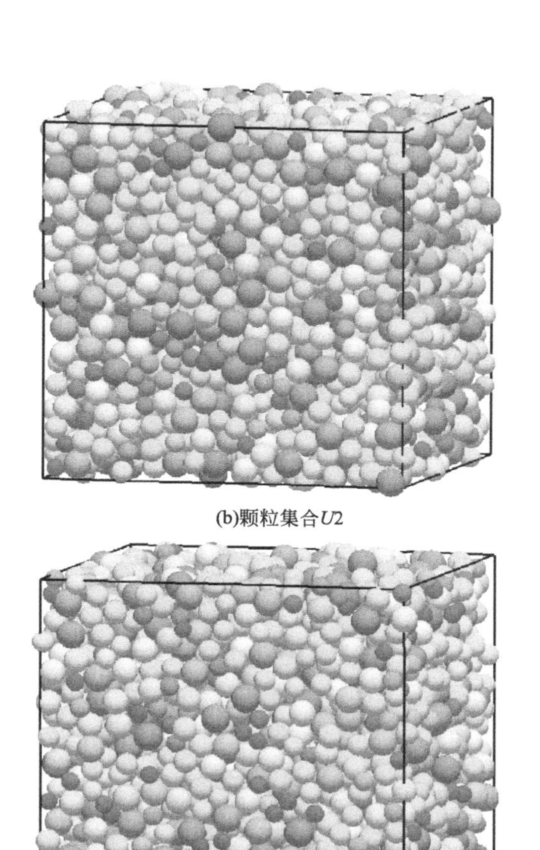

(b)颗粒集合$U2$

(c)颗粒集合$UL2$

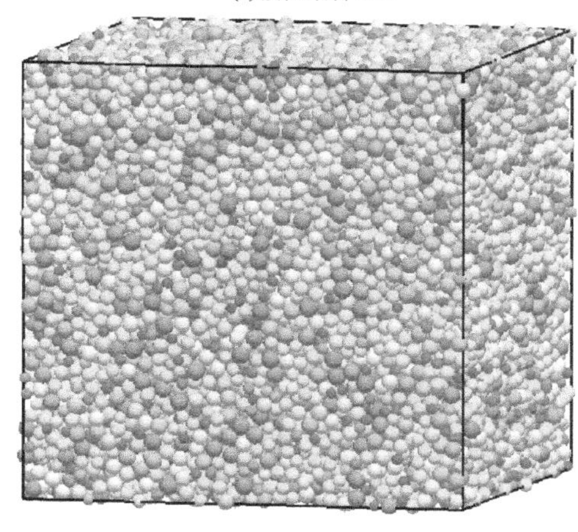

(d)颗粒集合$G1$

图 4-18

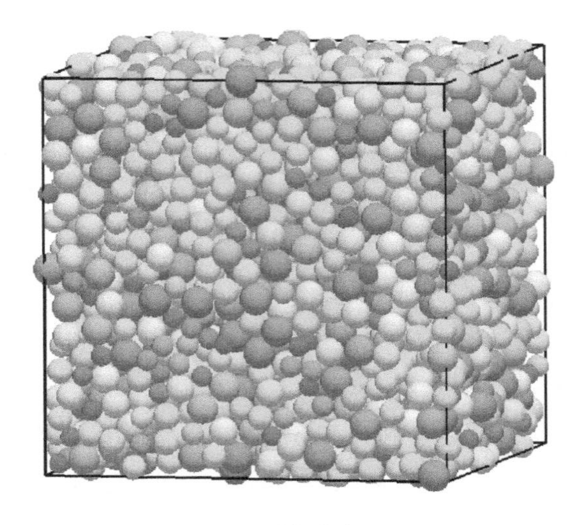

(e)颗粒集合$G2$

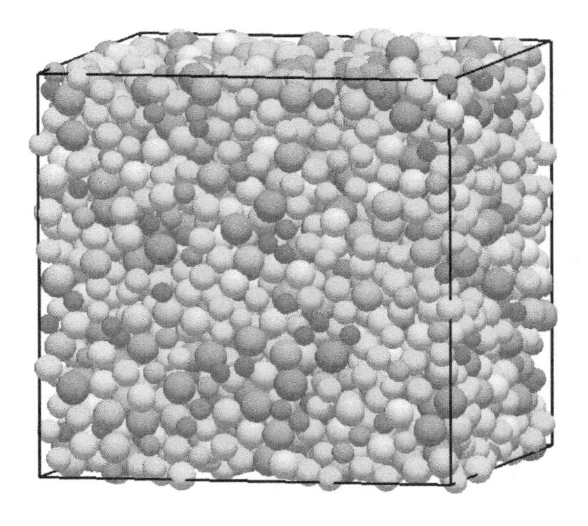

(f)颗粒集合$GL2$

图 4-18　均匀分布和高斯分布的颗粒集合

此外，还生成了颗粒粒径分层排列的一类颗粒集合，颗粒集合沿 z 方向分为 6 层，每一层中的颗粒都满足均匀分布，且各层粒径分布范围满足等差数列条件，颗粒集合的堆积密度同样为 0.6。分层颗粒集合的特征参数见表 4-11，数值试样见图 4-19。

表 4-11　分层颗粒集合的特征参数

层数	1	2	3	4	5	6
r_{min}	0.010	0.020	0.030	0.040	0.050	0.060
r_{max}	0.015	0.030	0.045	0.060	0.075	0.090
r	0.0125	0.025	0.0375	0.050	0.0625	0.075

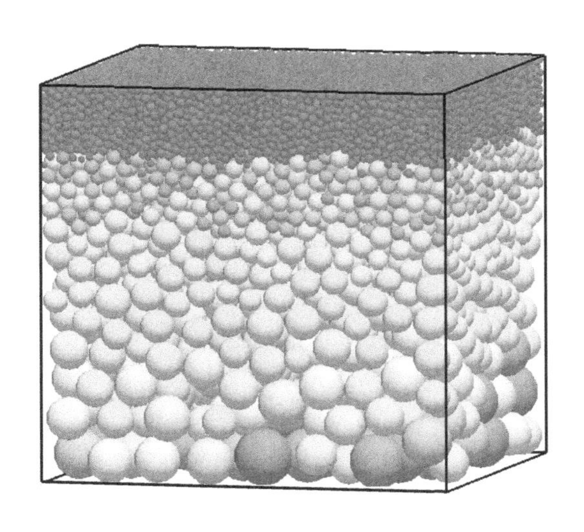

图 4-19　分层颗粒集合

4.6.2　不同因素对颗粒集合特性的影响

（1）随机排列的影响

$U1$、$U2$、$G1$ 及 $G2$ 各组中均包含 10 个随机生成的颗粒样本，这些样本的空间排布差别很难用现有的颗粒集合评价指标进行描述，采用主成分分析方法可以对由排列随机性带来的影响进行分析。

对于每一组颗粒集合，计算 10 次随机样本的主方差函数，并求得均值作为该组主方差。图 4-20 为 $U1$ 和 $G1$ 两组颗粒集合在两种不同网格精度下（$M=N=P=100$，200）得到的主方差函数。可以看出，10 次随机样本的主方差在该组主方差均值附近较小范围内分布，以上结果可以说明由相同颗粒特征参数生成随机颗粒集合的空间排布特性较为相似。

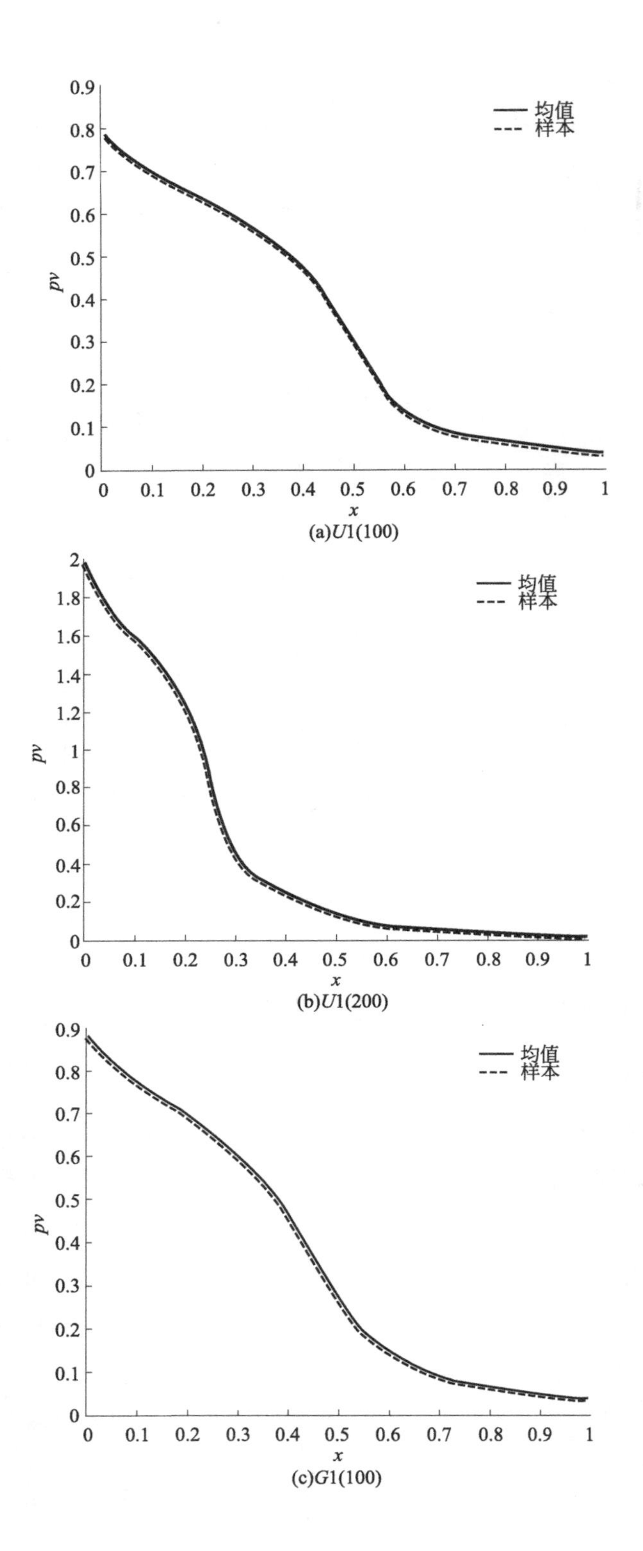

(a)$U1(100)$

(b)$U1(200)$

(c)$G1(100)$

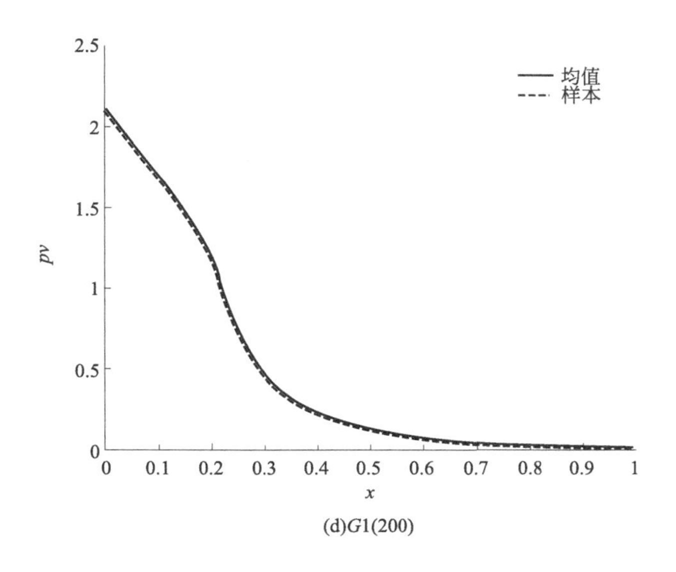

图 4-20 $U1$ 和 $G1$ 组在两种不同网格精度下的主方差方程

为了定量比较这一差别，计算了组内 10 次随机样本主方差与该组均值主方差的不相似系数。其中 $U1$ 和 $G1$ 两组的不相似系数见表 4-12 和图 4-21。图中和表中结果均显示不相似系数值很小，即随机颗粒排布的空间差异性不明显。同时可以看出随着试样中颗粒数量的增加，差异性有增大的趋势。

表 4-12 $U1$ 和 $G1$ 的不相似系数均值

P	$U1$	$U2$	$G1$	$G2$
100	0.0064	0.0119	0.0070	0.0123
200	0.0061	0.0114	0.0062	0.0117

可以通过对比均匀分布及高斯分布颗粒组中粒径范围相同的颗粒集合研究颗粒粒径分布方式的影响。图 4-22（彩图见书后）为 $U1$、$U2$、UL_2、$G1$、$G2$、GL_2 六组颗粒集合在 $P=100$，200 时的主方差方程，表 4-13 为 $U1$-$G1$ 以及 $U2$-$G2$ 之间的不相似系数。可以看出，两种不同颗粒分布方式颗粒集合之间的不相似系数明显比相同排布的颗粒集合之间的不相似系数更大，即颗粒粒径分布方式比颗粒排布随机性对颗粒集合空间特性的影响更大。

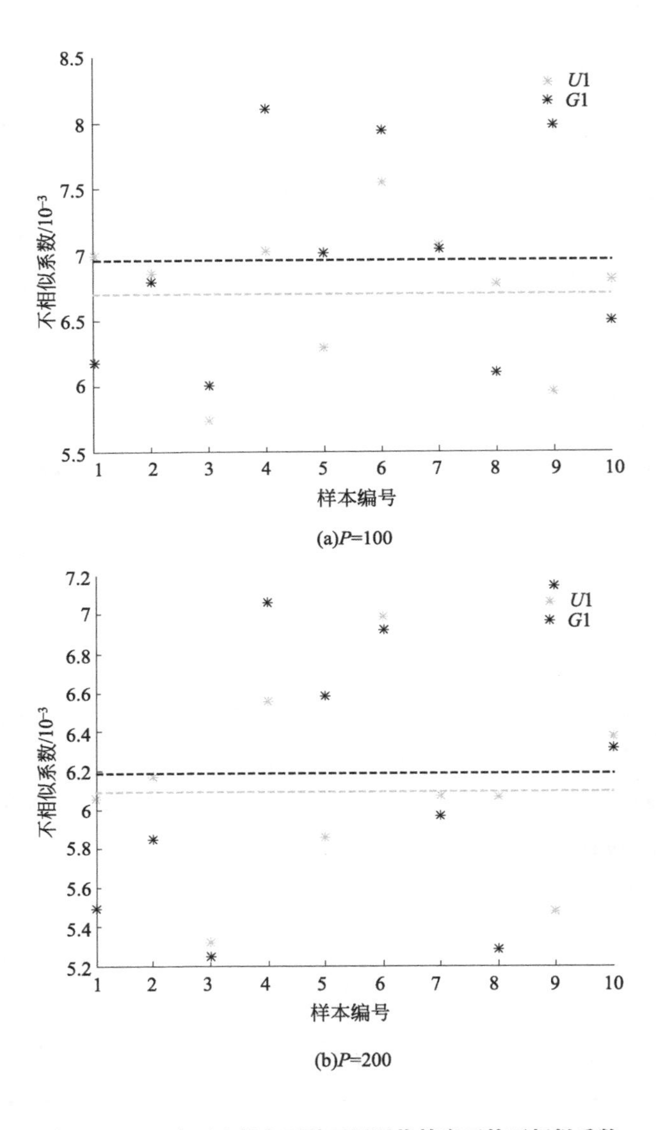

(a)P=100

(b)P=200

图 4-21 $U1$ 和 $G1$ 组在两种不同网格精度下的不相似系数

表 4-13 不同颗粒集合之间的不相似系数

P	粒径分布		堆积密度		颗粒粒径	
	$U1$-$G1$	$U2$-$G2$	$U2$-$UL2$	$G2$-$GL2$	$U1$-$U2$	$G1$-$G2$
100	0.0592	0.0467	0.1397	0.1392	0.4798	0.4664
200	0.0463	0.0423	0.1353	0.1346	0.4111	0.4041

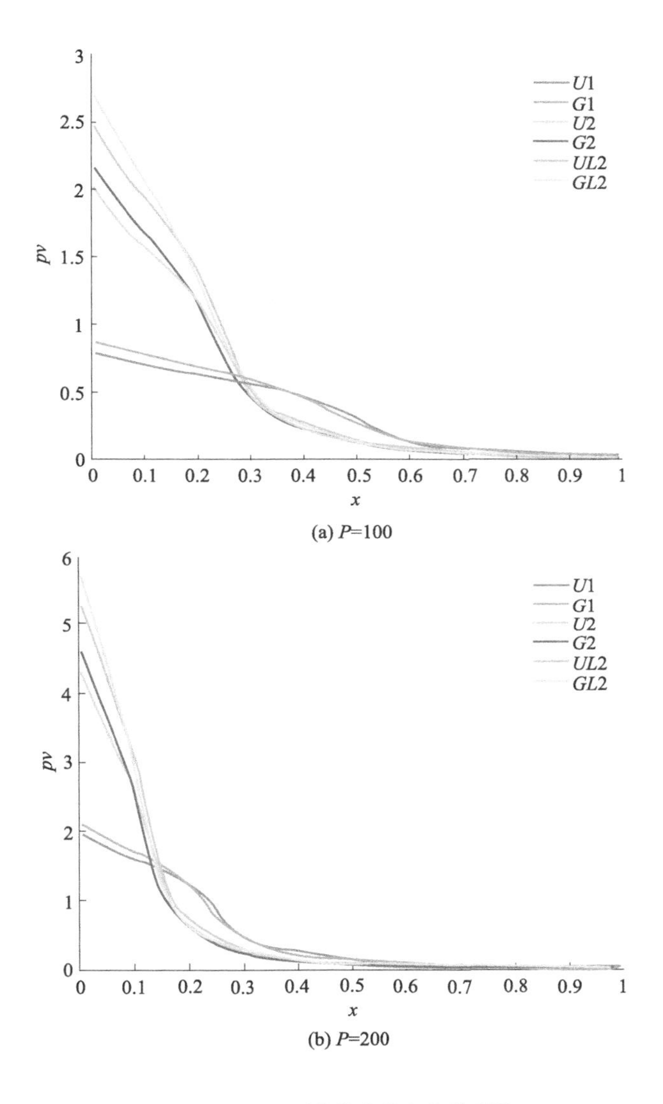

图 4-22 不同颗粒集合的主方差函数

（2）堆积密度的影响

可以通过对比 $U2$、$UL2$ 及 $G2$、$GL2$ 的主方差方程和不相似系数研究堆积密度对颗粒集合排布特性的影响。$UL2$ 和 $GL2$ 两组的主方差方程同样见图 4-22，不相似系数同样见表 4-13。显然，由密度引起的颗粒集合之间的差异性明显大于由粒径分布方式引起的差异性。

（3）颗粒粒径范围的影响

通过对比相同颗粒粒径分布方式，不同粒径分布范围的两组颗粒集合，可以研究颗粒粒径范围对颗粒集合排布特性的影响。$U1$-$U2$ 和 $G1$-$G2$ 两组的不相似系数同样列于表 4-13，明显大于其他各种因素影响下的不相似系数。

所有不同颗粒集合之间的不相似系数绘与图 4-23，可以看出颗粒排布的随机性和粒径分布方式对颗粒集合特性的影响小于堆积密度及颗粒粒径范围的影响。

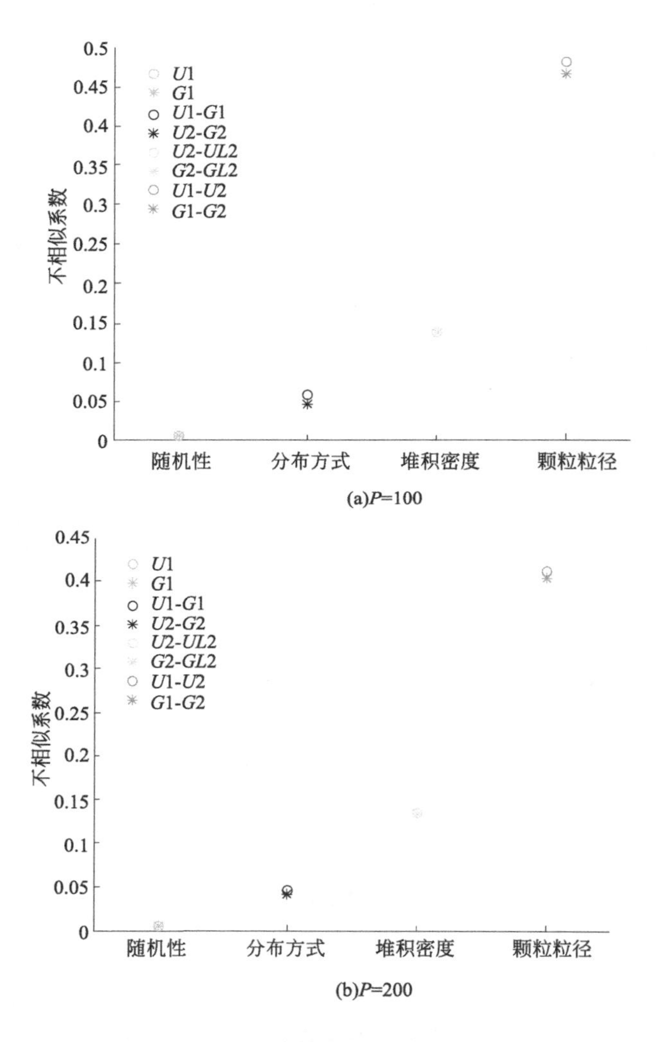

图 4-23 不同颗粒集合之间的不相似系数

4.6.3 颗粒集合的均匀性及各向异性

（1）均匀性

与二维主成分分析一样，同样可以采用移动分析窗口的方式对颗粒集合的均匀性进行分析，见图 4-24，如果不同分析窗口得到的不相似系数差距较小，就说明颗粒集合排布均匀。

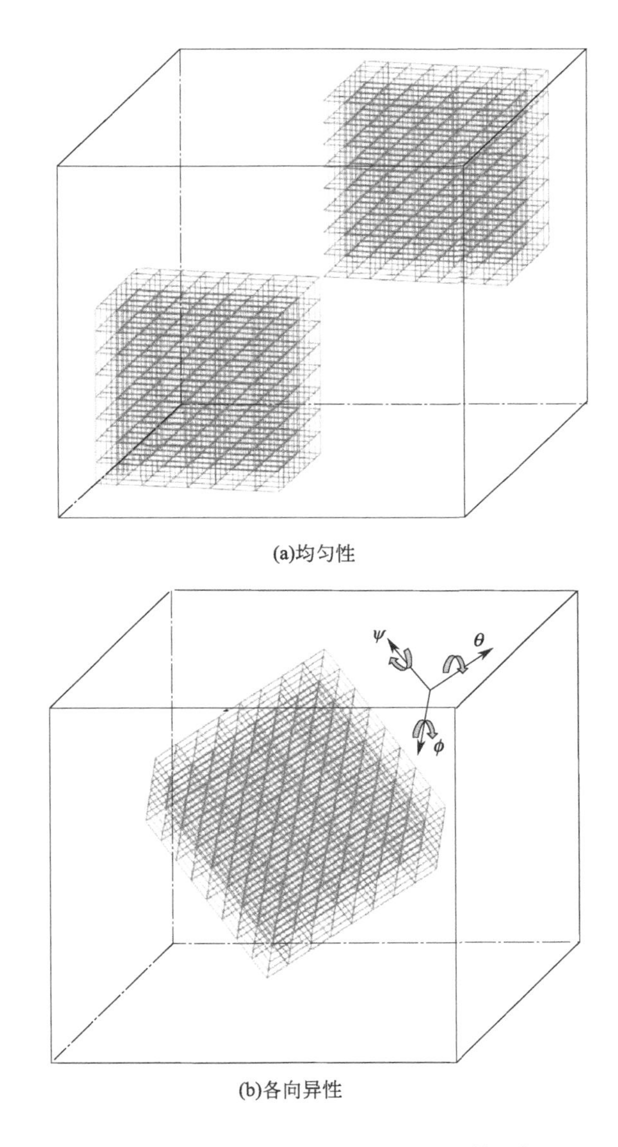

图 4-24　颗粒集合的均匀性及各向异性分析

同样可以在颗粒集合的全局矩阵当中选择维度较小的子矩阵进行不均匀性分析，以 $U1(200)$ 和 $L(200)$ 为例，在全局矩阵中随机选择 10 个维度为［100×100×100］的子矩阵并计算相应的主方差函数，图 4-25(a) 为不同子矩阵的主方差结果。可以看出，$U1$ 组中 10 个子矩阵的主方差函数差别不大，但 L 组中 10 个子矩阵的主方差函数表现出明显的差别，对应的不相似系数结果见图 4-25(b)。从主方差函数和不相似系数的结果都可以看出，颗粒粒径均匀分布的颗粒集合空间排布均匀性很好，分层分布的颗粒集合均匀性较差，这一结果与预期一致，说明主成分分析方法能较好地评价颗粒集合是否均匀。

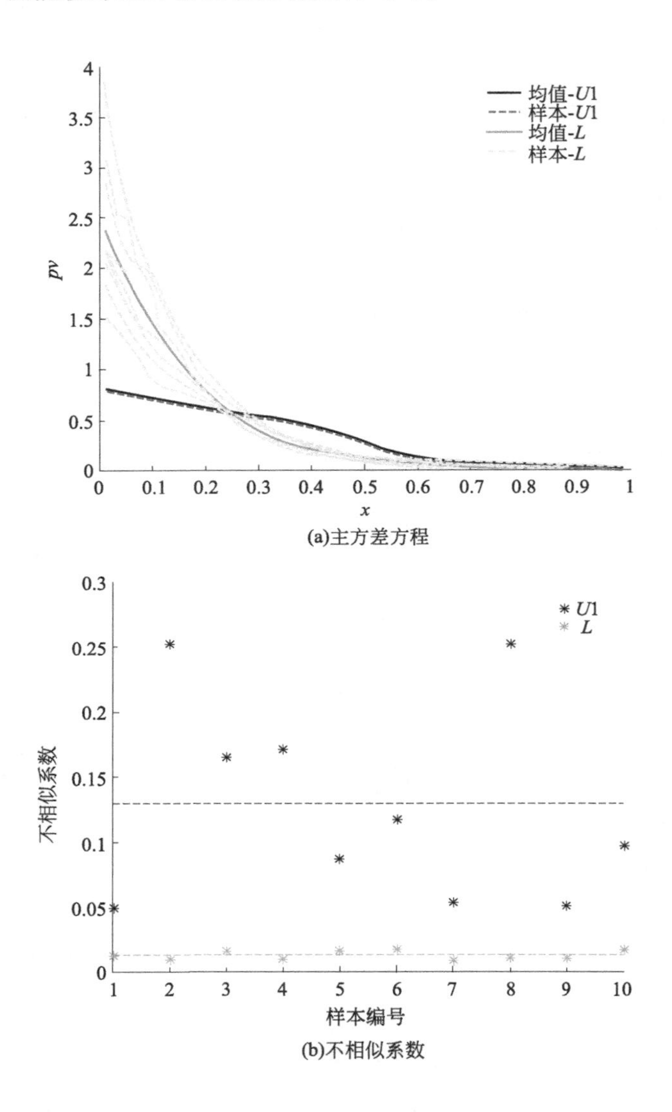

(a)主方差方程

(b)不相似系数

图 4-25 颗粒集合的均匀性分析

(2) 各向异性

将分析窗口沿着三个坐标轴旋转，可以对颗粒集合的各向异性进行评价，见图

4-24 (b)。为了说明这一方法，同样以 $U1$ 和 L 组为例，分析窗口尺寸为［0.5×0.5×0.5］，网格精度为［50×50×50］。沿着三个坐标轴方向，分别以七个角度（［0°，30°，60°，90°，120°，150°，180°］）旋转分析窗口，总共得到 343 个旋转分析窗口。图 4-26 为各分析窗口对应的主方差函数，显然 $U1$ 组的主方差函数远远小于 L 组的主方差函数，并且分布范围更小。图 4-27（彩图见书后）为各分析窗口的不相似系数，$U1$ 组的不相似系数平均值为 0.0186，L 组的不相似系数平均值为 0.0443，与预期一致，L 组的各向异性比 $U1$ 组更显著。

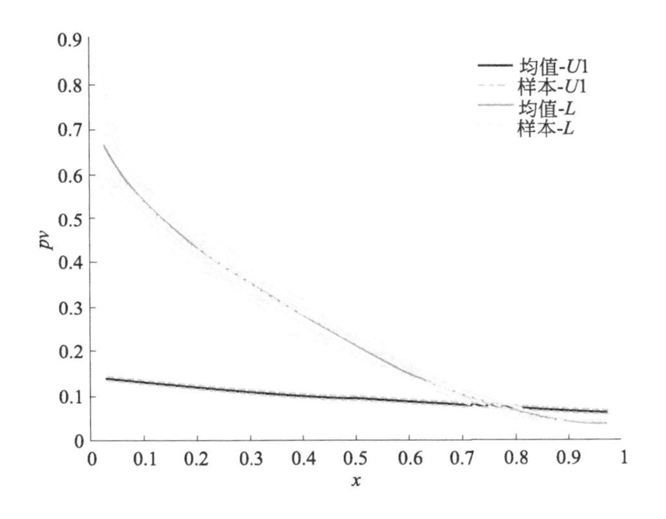

图 4-26　各向异性分析的主方差方程

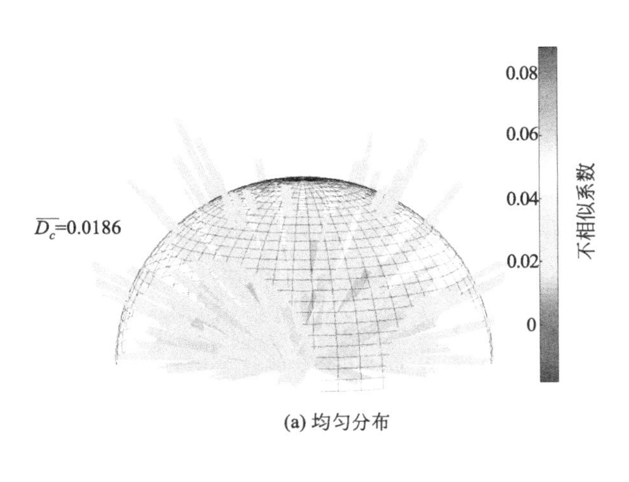

(a) 均匀分布

图 4-27

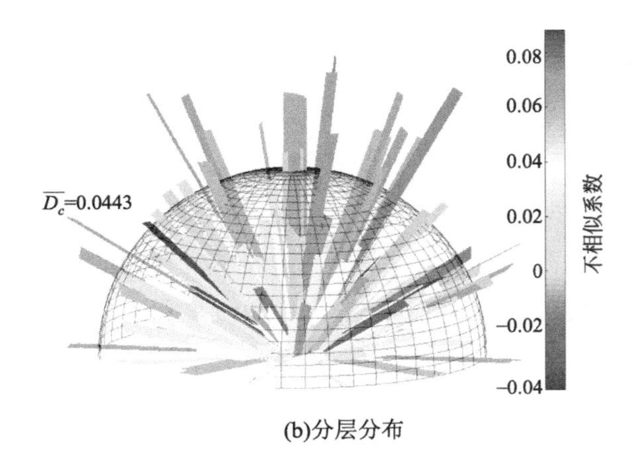

(b)分层分布

图 4-27 各向异性分析的不相似系数

参考文献

[1] YT Feng，K Han，DRJ Owen. Filling domains with disks：An advancing front approach. International Journal for Numerical Methods in Engineering，2003，56 (5)：699-713.

[2] R. Löhner，E Oñate. A general advancing front technique for filling space with arbitrary objects. International Journal for Numerical Methods in Engineering，2004，61 (12)：1977-1991.

[3] K Han，YT Feng，DRJ Owen. Sphere packing with a geometric based compression algorithm. Powder Technology，2005，155 (1)：33-41.

[4] John-Paul Latham，Ante Munjiza，Yang Lu. On the prediction of void porosity and packing of rock particulates. Powder Technology，2002，125 (1)：10-27.

[5] Y Sheng，CJ Lawrence，BJ Briscoe，C Thornton. Numerical studies of uniaxial powder compaction process by 3d dem. Engineering Computations，2004，21 (2/3/4)：304-317.

[6] Romain Guises，Jiansheng Xiang，John-Paul Latham，Antonio Munjiza. Granular packing：Numerical simulation and the characterisation of the effect of particle shape. Granular Matter，2009，11 (5)：281-292.

[7] Jean-François Jerier，Didier Imbault，Frederic-Victor Donze，Pierre Doremus. A geometric algorithm based on tetrahedral meshes to generate a dense polydisperse sphere packing. Granular Matter，2009，11 (1)：43-52.

[8] XM Sun，YJ Dong，PF Hao，L Shi，F Li，YT Feng. Three-dimensional numerical simulation of quasi-

static pebble flow. Advanced Powder Technology，2017，28（2）：499-505.

[9] Kristin Lochmann，Luc Oger，Dietrich Stoyan. Statistical analysis of random sphere packings with variable radius distribution. Solid State Sciences，2006，8（12）：1397-1413.

[10] B Cambou，Ph Dubujet，C Nouguier-Lehon. Anisotropy in granular materials at different scales. Mechanics of Materials，2004，36（12）：1185-1194.

[11] KA Alshibli，A Hasan. Spatial variation of void ratio and shear band thickness in sand using x-ray computed tomography. Géotechnique，2008，58（4）：249-257.

[12] Xin Huang，Kevin J Hanley，Catherine O' Sullivan，Fiona CY Kwok. Effect of sample size on the response of dem samples with a realistic grading. Particuology，2014，15：107-115.

[13] Lia Papadopoulos，Mason A Porter，Karen E Daniels，Danielle S Bassett. Network analysis of particles and grains. Journal of Complex Networks，2018，6（4）：485-565.

[14] Harrison H Barrett，Kyle J Myers. Foundations of image science. John Wiley & Sons，2013.

[15] Rafael C Gonzales，Richard E Woods. Digital image processing. Prentice Hall，second edition，2001.

[16] Simon Haykin，Richard Lippmann. Neural networks，a comprehensive foundation. International Journal of Neural Systems，1994，5（4）：363-364.

[17] Maria Petrou，Costas Petrou. Image Processing：The Fundamentals. John Wiley and Sons，Ltd，Chichester，UK，2011.

[18] I. T Jolliffe. Principal Component Analysis. second edition. New York：Springer，2002.

[19] Hervé Abdi，Lynne J Williams. Principal component analysis. Wiley Interdisciplinary Reviews：Computational Statistics，2010，2（4）：433-459.

第5章

基于精确缩尺模型的粗粒化方法

5.1 粗粒化方法概述

颗粒材料在自然界、工程应用和日常生活中广泛存在，由于其具有非连续、非均质及各向异性的特性，使得以有限元方法为代表的传统连续性数值计算方法无法准确描述其力学行为。离散元方法[1] 从 20 世纪 70 年代建立后不断发展与完善，已成为探索颗粒材料物理力学性质、解决不同领域工程问题的有效数值分析工具[2]。离散元方法的优势在于可以从微细观尺度直接模拟颗粒之间的相互作用，进而反映颗粒系统的宏观力学行为。在岩土工程领域，离散元方法可以描述典型岩土材料从微观裂隙到宏观破坏的全过程[3,4]；在工业工程领域，涉及颗粒材料的储存、混合、涂层以及运输等过程都可以用离散元方法来模拟[5,6]。然而，离散元方法的优势也导致其在模拟工程尺度问题时会遇到计算资源不足的问题。当采用真实颗粒粒径和数量模拟实际问题时，现有的算法和计算机硬件水平难以提供有效支撑。真实系统的颗粒数量一般为万亿级别，现阶段离散元模拟工作的颗粒数量通常为百万至千万的水平[7-9]，虽然目前已知单卡 GPU 已经可以模拟 1 亿规模的颗粒数量[10]，工程尺度应用中面临的超高计算量问题还无法通过现有 GPU 技术有效解决。

相比于直接用大颗粒代替小颗粒的做法，近些年来，已有很多研究者采用粗粒化（coarse-graining）理论来解决离散元方法在模拟工程尺度问题时计算量巨大的问题。粗粒化方法同样使用较少数量的大颗粒代替系统中数量巨大的小颗粒，其出发点在于抓住大尺度的主要物理现象，对于小尺度的相对次要的物理现象可以平均化或者忽略。从问题的物理本质来看，颗粒材料的宏观力学行为主要由颗粒的集体行为决定，而不是由单个颗粒独自运动的轨迹决定，只要能保持颗粒材料的离散性质，就可以反映其主要特性，这就为粗粒化手段在离散元方法中的应用提供了基础。为保证通过粗粒化手段处理后的颗粒集合能真实反映原始颗粒集合的物理特性，需要在两系统间建立合理的等价关系。

国内外研究者在粗粒化理论与离散元方法结合方面开展了大量的研究工作，现有的粗粒化方法会通过缩放粒径、调整参数、修改模型等手段，使得放大后的颗粒集合体仍旧可以保持原始颗粒集合的性质。文献［11-13］提出了 CG 模型（coarse grain model）用于流化床模拟，粗粒化系统中的颗粒直径是原始系统中颗

粒直径的 h 倍，粗粒化系统中的一个颗粒代表原始系统中呈立方体规律排列的 h^3 个颗粒。假设原始系统中呈立方体排布的颗粒集合中每一个颗粒的平动速度和转动速度相同，且等于粗粒化颗粒的平动速度和转动速度。CG 模型还假设当粗粒化颗粒发生二元碰撞时，原始集合体中的所有颗粒发生同步的二元碰撞，并将所有原始颗粒的接触力进行叠加得到粗粒化颗粒的接触力。在以上假设下，得到粗粒化系统中接触力的缩放系数为原始颗粒系统的 h^3 倍。对于拖曳力和重力同样推导得到了 h^3 的缩放系数。而对于范德华力，CG 模型根据能量守恒的原则进行推导，得到缩放系数为 h^2。文献［14-16］提出了 CGSF（coarse-grained method for granular shear flow）用于模拟颗粒混合过程中的剪切流动，同样认为粗粒化颗粒代表呈立方体规律排布的原始颗粒集合，该模型只针对颗粒剪切流动的情况，在推导粗粒化系统与原始系统之间四种能量守恒关系时（动能、弹性能、摩擦阻尼和黏滞阻尼能量），重点考虑颗粒的切向运动速度。在 CGSF 模型简化颗粒排布几何关系和运动形式的假设下，通过对滑动摩擦系数、线性刚度系数和恢复系数进行缩放来满足能量守恒关系，得到的缩放规律较为复杂，特别是滑动摩擦系数的缩放关系还与粗粒化颗粒实时的角速度有关。从文章中的结果可以看出，CGSF 模型对于滚筒中的颗粒混合过程粗粒化模拟的效果良好，但该模型缺乏广泛的适用性。文献［17，18］提出了 SPA 模型（similar particle assembly），将原始颗粒粒径放大 h 倍得到粗粒化颗粒，该模型中不再对粗粒化颗粒代表的原始颗粒排布做出假设，认为粗粒化系统的颗粒排布与原始系统相似。SPA 模型对控制方程中各项的缩放规律缺乏严格的理论推导，通过假设粒径对颗粒动力学行为具有决定性作用，直接将 h^3 作为接触力、液桥力和拖曳力的放大系数。此外，不同研究者提出的粗粒化模型还包括 Imaginary Sphere 模型[19]、Representative Particle 模型[20] 等。

可以看出，粗粒化方法在离散元模拟中得到了越来越多的关注，但现有的粗粒化模型大多直接从需要模拟的问题出发，通过分析问题本身的特征提出一系列假设，进而得到粗粒化与原始系统的等价关系。通过这种方式得到的粗粒化模型，尽管在特定应用中取得了比较好的模拟效果，但很难推广到其他问题当中。而且由于假设的提出往往具有随意性，使得无法对原始系统与粗粒化系统计算差距的产生原因以及规模进行进一步分析。文献［21，22］从更一般的角度出发，提出了介于原始系统和粗粒化系统之间精确缩尺（exact scaling）系统，并且通过严格的理论推导得到了在精确缩尺系统中，颗粒集合各物理量应该满足的缩放关系。本章将在精确缩尺模型的基础上，通过多尺度方法，建立粗粒化系统和原始系统之间的缩放关系，得到离散元接触模型中相关参数的缩放定律，并通过离散元算例进行验证。

5.2 精确缩尺模型

原始系统、精确缩尺系统以及粗粒化系统之间的关系如图 5-1 所示，为了便于说明，图中颗粒规则排列。原始系统和粗粒化系统所占据的几何区域大小是相同的，粗粒化系统中的颗粒直径较原始系统中颗粒直径放大一定的倍数；在精确缩尺系统中，颗粒直径及几何区域较原始系统同步放大相同的倍数，可以将粗粒化系统看作精确缩尺系统的一个局部区域。需要说明的是，对于大尺度颗粒系统的模拟，精确缩尺方法和粗粒化方法并不是两种处于并列位置的方法，采用精确缩尺方法可以准确推导出原始系统小粒径颗粒集合体与放大后系统大粒径颗粒集合体之间不同物理量的比例关系。但由于精确缩尺方法会将系统的计算区域同步放大，因而原始系统中与精确缩尺系统中的颗粒数量保持一致，从计算效率的角度来看，精确缩尺方法在大尺度颗粒系统的模拟方面不会带来效率的提高。但为了建立原始系统与粗粒化系统之间的缩放关系，可以将精确缩尺系统作为桥梁，首先分析原始系统与精确缩尺系统之间各物理量需要满足的比例关系。

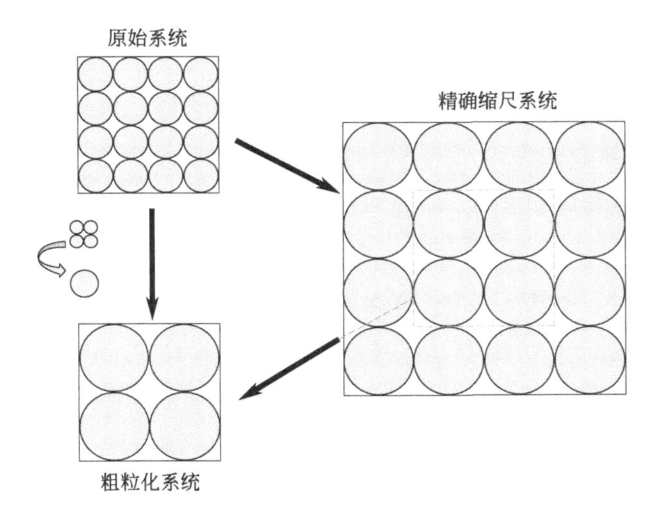

图 5-1 原始系统、精确缩尺系统以及粗粒化系统

5.2.1 相似定律

由量纲分析可知，在只考虑物体的机械运动时，任意物理量 q 的量纲可以国际标准单位制下的基本变量组合长度 $[L]$、质量 $[M]$ 和时间 $[T]$ 推导得到：

$$[q]=L^{a_L}M^{a_M}T^{a_T} \tag{5.1}$$

其用向量形式的单位标准基本变量表示为：

$$\langle q\rangle=(a_L,a_M,a_T)^{\mathrm{T}} \tag{5.2}$$

对于一个系统中的物理量来说，可以用任意相互独立的基本变量组合进行表示，假设 $U=\{u_1,u_2,\cdots,u_k\}$ 为任意单位基本变量组合，其中 $\langle u_i\rangle=(a_L^i,a_M^i,a_T^i)^{\mathrm{T}}$，$k$ 为基本变量的个数，则任意单位基本变量组合与国际标准单位基本变量组合之间的转换矩阵为：

$$\boldsymbol{R}=[\langle u_1\rangle,\cdots,\langle u_i\rangle,\cdots,\langle u_k\rangle]=\begin{bmatrix}\cdots\\ a_L^i,a_M^i,a_T^i\\ \cdots\end{bmatrix}^{\mathrm{T}} \tag{5.3}$$

在由不同单位基本变量组合表示的系统中物理量 q'表示为：

$$\langle q'\rangle=\boldsymbol{R}^{-1}\langle q\rangle \tag{5.4}$$

5.2.2 颗粒系统的缩放关系

对于精确缩尺颗粒系统，选择 u_1 长度 $[L]$、u_2 时间 $[T]$、u_3 密度 $[\rho]$ 3 个单位基本变量，只有 u_3 与国际标准单位制中的选择不同。密度的量纲可以表示为 $[\rho]=\mathrm{ML}^{-3}$，向量表达为$\langle\rho\rangle=(-3,1,0)^{\mathrm{T}}$。基本单元组合$\{L，T，\rho\}$和国际标准单位制下的基本单元组合$\{L，M，T\}$的转换矩阵及其逆为：

$$\boldsymbol{R}=\begin{bmatrix}1&0&-3\\0&0&1\\0&1&0\end{bmatrix};\boldsymbol{R}^{-1}=\begin{bmatrix}1&3&0\\0&0&1\\0&1&0\end{bmatrix} \tag{5.5}$$

在精确缩尺系统中，选取 3 个基本变量对应的缩放系数分别为长度（h）、时间（h）、密度（1），即基本单元转换系数为 $H_b=\{h,h,1\}$，理论上 3 个基本变量的缩放系数可以任意选取，目前的取值组合可以为解释原始系统与精确缩尺系统之间的等价关系带来方便。由转换矩阵的逆 $\boldsymbol{R}^{-1}$ 及缩放系数 H_b 即可推得精确缩尺系统中任意物理量对应的缩放系数：

$$h_q = H_b \hat{\bullet} \langle q' \rangle \equiv h_1^{a_1'} \cdots h_k^{a_k'} = \prod_{i=1}^{k} h_i^{a_i'} = H_b \hat{\bullet} (R^{-1} \langle q \rangle) \tag{5.6}$$

以颗粒系统中的物理量力 F 为例，在由标准变量组合表示的原始系统中，其量纲为：

$$[F] = \mathrm{N} = \mathrm{LMT}^{-2};\quad \langle F \rangle = (1,1,-2)^{\mathrm{T}} \tag{5.7}$$

在由选取基本单元组合 $\{L, T, \rho\}$ 的精确缩尺系统中，F 的量纲为：

$$\langle F' \rangle = \boldsymbol{R}^{-1} \langle F \rangle = (4,-2,1)^{\mathrm{T}} \tag{5.8}$$

由式（5.9）可以得到在精确缩尺系统中 F 的缩放系数为：

$$h_F = H_b \hat{\bullet} \langle F' \rangle = h^4 \cdot h^{-2} \cdot 1^1 = h^2 \tag{5.9}$$

根据以上推导过程，可以得到精确缩尺系统中各物理量的缩放系数，部分主要物理量列于表 5-1 中，更完整的版本参见文献［23］。选择当前的基本单元组合以及对应的缩放系数，可以使精确缩尺系统中的应力、应变、动能密度以及应变能密度与原始系统相等，保证了精确缩尺系统与原始系统之间的等价关系。

表 5-1　精确缩尺系统中部分物理量的缩放系数

物理量	符号	量纲	缩放系数
长度	L	$[L]$	h
时间	t	$[T]$	h
密度	ρ	$[\rho]$	1
力	F	$[L]^4[T]^{-2}[\rho]$	h^2
应变	ε	$[1]$	1
应力	σ	$[L]^2[T]^{-2}[\rho]$	1
动能密度	e_{k}	$[L]^2[T]^{-2}[\rho]$	1
应变能密度	e_{s}	$[L]^2[T]^{-2}[\rho]$	1

在离散元计算中，精确缩尺系统与原始系统之间的等价关系可以通过两种方式实现：

① 文献［23］中详细讨论了对于离散元方法中不同种类的接触模型，通过保证其在应力应变形式下的表达式与缩放系数无关对接触参数进行处理；

② 将离散元计算中涉及的物理量完全按照量纲对应的缩放系数进行放大或缩小。

以上两种方法在物理上是等价的，可以根据在已有离散元程序中实现的便捷程度进行自由选择。

由于精确缩尺模型的时间变量较原始系统放大了 h 倍，对应的时步 Δt 也会较原始系统放大 h 倍，在采用中心差分法进行时间积分时，两系统需要的时步数是相同的，也就是说采用精确缩尺系统代替原始系统，并不能从计算效率上带来任何提高。提出精确缩尺系统的作用在于，可以从更一般的角度对粗粒化系统中颗粒层面相关物理量的处理（包括接触模型、颗粒相对速度等）给出可解释的理论依据。

5.3 粗粒化模型

粗粒化系统在放大颗粒粒径的同时，保持系统总体区域与原系统一致，粗粒化方法会减少颗粒数量，粗粒化系统与原始系统之间不再具有几何相似性，无法精确重现原始系统的物理性质。但在精确缩尺系统中得到的相似定律可以应用于粗粒化系统，保证粗粒化系统计算结果具有较高的精度。

取原始系统及粗粒化系统中相同几何区域的颗粒为研究对象，将图 5-2 中黑色椭圆内的颗粒集合看作代表性体积单元（representative volume，RVE）。为保证粗粒化系统的离散元计算结果能重现原始系统的物理力学性质，两系统对应的 RVE 需要满足几何一致、质量、动量以及能量的近似守恒等条件。

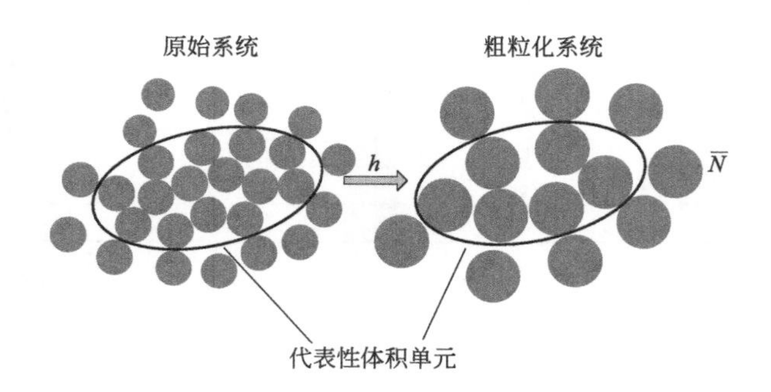

图 5-2 原始系统及粗粒化系统中的代表性体积单元

几何一致的条件体现在两个方面，组成 RVE 的颗粒单元几何形状相似（在图中都为球体），颗粒集合的统计指标相同（如孔隙率相同、级配相同）。假设粗粒化系统和原始系统之间的几何缩放系数为 h，则粗粒化 RVE 包含的颗粒 $\overline{N}$ 和接触数量 $\overline{N}_c$ 与原始 RVE 中颗粒 N 和接触数量 N_c 之间满足：

$$N \approx h^3 \overline{N} \quad N_c \approx h^3 \overline{N}_c \tag{5.10}$$

在 RVE 边界上的颗粒接触数量满足：

$$N_{\mathrm{b}} \approx h^{2} \overline{N}_{\mathrm{b}} \tag{5.11}$$

要满足质量守恒的条件，则粗粒化颗粒质量 $\overline{m}$ 和原始系统颗粒质量 m 有以下关系：

$$\overline{m} = h^{3} m \tag{5.12}$$

动量守恒的条件要求满足以下关系：

$$\sum_{i=1}^{N} m_{i} v_{i} \approx \sum_{i=1}^{\overline{N}} \overline{m}_{i} \overline{v}_{i} \tag{5.13}$$

能量守恒包括动能守恒、应变能守恒以及能量耗散速率守恒三个方面，动能守恒可以由颗粒质量以及速度之间的关系推导得到。

根据图 5-3 所示颗粒系统中代表性单元的接触受力情况，两系统中平均柯西应力的表达式[24] 如下：

$$\sigma = \frac{1}{|\Omega|} \sum_{k=1}^{N_{\mathrm{b}}} \boldsymbol{f}_{k} \otimes \boldsymbol{x}_{k} \approx \overline{\sigma} = \frac{1}{|\Omega|} \sum_{k=1}^{\overline{N}_{\mathrm{b}}} \overline{\boldsymbol{f}}_{k} \otimes \overline{\boldsymbol{x}}_{k} \tag{5.14}$$

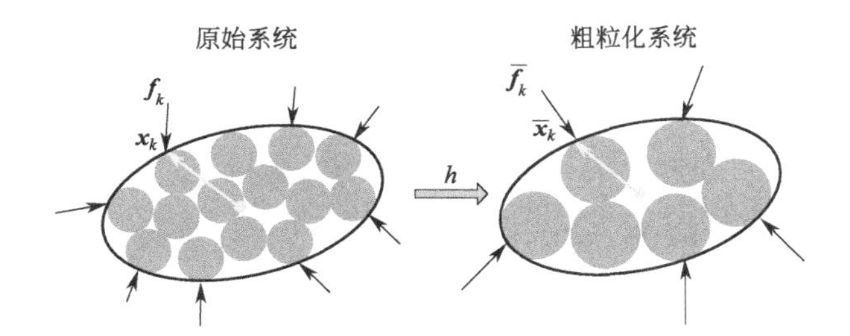

图 5-3 颗粒系统代表性单元受力分析

根据式 (5.11)，可以得到两系统中 RVE 单元边界接触力的缩放关系为：

$$\overline{\boldsymbol{f}}_{k} \approx h^{2} \boldsymbol{f}_{k} \tag{5.15}$$

对于原始系统中的 RVE 单元，其总体平动控制方程表达如下：

$$\begin{aligned} \sum_{i=1}^{N} m_{i} \boldsymbol{a}_{i} &= \sum_{i=1}^{N} \Big(\sum_{j} \boldsymbol{f}_{ij}^{c} + m_{i} \boldsymbol{g} + \boldsymbol{f}_{i}^{a} + \boldsymbol{f}_{i}^{f} \Big) \\ &= \sum_{k=1}^{N_{\mathrm{b}}} \boldsymbol{f}_{k} + \sum_{i=1}^{N} (m_{i} \boldsymbol{g} + \boldsymbol{f}_{i}^{a} + \boldsymbol{f}_{i}^{f}) \end{aligned} \tag{5.16}$$

粗粒化系统中 RVE 单元的平动控制方程如下：

$$
\begin{aligned}
\sum_{i=1}^{\bar{N}} \bar{m}_i \bar{\boldsymbol{a}}_i &= \sum_{i=1}^{\bar{N}} \left(\sum_j \bar{\boldsymbol{f}}_{ij}^c + \bar{m}_i \boldsymbol{g} + \bar{\boldsymbol{f}}_i^a + \bar{\boldsymbol{f}}_i^f \right) \\
&= \sum_{k=1}^{\bar{N}_b} \boldsymbol{f}_k + \sum_{i=1}^{\bar{N}} (\bar{m}_i \boldsymbol{g} + \bar{\boldsymbol{f}}_i^a + \bar{\boldsymbol{f}}_i^f)
\end{aligned} \tag{5.17}
$$

由式（5.13），得到 $\sum_{i=1}^{N} m_i \boldsymbol{a}_i \approx \sum_{i=1}^{\bar{N}} \bar{m}_i \bar{\boldsymbol{a}}_i$。已知 RVE 单元边界处的接触数量满足 $N_b \approx h^2 \bar{N}_b$，RVE 单元内部的颗粒数量满足 $N \approx h^3 \bar{N}$，即控制方程各项力分量的缩放系数不同。细观尺度颗粒间接触力缩放系数为 h^2，即 $\bar{\boldsymbol{f}}_k \approx h^2 \boldsymbol{f}_k$；宏观尺度的力（包括重力、拖曳力等）缩放系数为 h^3，即 $\bar{\boldsymbol{f}}^a \approx h^3 \boldsymbol{f}^a, \bar{\boldsymbol{f}}^f \approx h^3 \boldsymbol{f}^f$。

已知在精确缩尺系统中力的缩放系数为 h^2［式（5.9）］，与粗粒化系统细观颗粒尺度力的缩放系数相同，进一步分析可以得出，精确缩尺模型中提出的对于不同种类离散元接触模型的处理完全适用于粗粒化系统的离散元计算，对于离散元计算中涉及的无量纲系数（摩擦系数、泊松比、阻尼系数等）不需要做任何缩放。可以看出，原始系统和粗粒化系统之间存在两种尺度的缩放关系，即双尺度粗粒化（two-scale coarse graining），细观颗粒层面相关物理量的缩放关系与精确缩尺模型中得到的结果相同（例如接触力的缩放系数为 h^2），宏观颗粒集合层面相关物理量遵循另外一种缩放关系（例如重力、拖曳力的缩放系数为 h^3）。

需要说明的是，以上原始系统与粗粒化 RVE 单元的控制方程只考虑了平动情况。对于转动情况，由于系统总体转动能无法简单地通过直接将各颗粒单元的转动能求和得到，所以转动相关物理量的缩放规律更为复杂。根据目前的研究，需要根据不同算例中颗粒的实际运动情况具体分析转动能的产生原因，进而得到对应的转动相关物理量的缩放系数。

对于时间变量，粗粒化系统和原始系统之间同样存在两个不同尺度的缩放关系，宏观层面物理时间的缩放系数为 1，细观层面颗粒松弛时间的缩放系数为 h，这就为离散元计算效率的提高带来了极大的好处。当颗粒粒径放大 h 倍时，颗粒数量减少为原来的 $1/h^3$ 使得计算效率提高 h^3 倍，计算时步减少为原来的 $1/h$ 又可以使计算效率提高 h 倍，故粗粒化系统的计算时间是原始系统计算时间的 $1/h^4$。

5.4 算例分析

本节将通过两个算例说明，由精确缩尺模型推导得到的离散元接触模型相关参数的缩放关系，同样适用于粗粒化系统的离散元计算。算例的不同工况都采用的是粗粒化方法，即保持颗粒集合的宏观几何尺寸不变，只将颗粒粒径放大。粗粒化模型通过保证任意两颗粒单元之间接触相似进而得到颗粒集合整体力学行为的相似，对于任意级配的颗粒集合都是适用的，文中为了便于比较不同颗粒粒径对应的计算结果，采用了单粒径的颗粒集合形式。

5.4.1 筒仓侧壁压力计算

建立如图 5-4 所示的筒仓模型，原始系统中的颗粒粒径为 5mm，将颗粒粒径放大 2 倍和 3 倍，分别采用线性接触模型和赫兹接触模型用于接触力的计算。由文献 [22] 可知，对于三维离散元计算，线性接触模型是尺度相关模型，当系统中颗粒粒径放大 h 倍时，需要将刚度系数同样放大 h 倍用于计算；而赫兹接触模型是尺度无关模型[22]，用于不同尺度系统计算时，不需要改变接触参数。计算表 5-2 中所列的 8 种不同工况，观察不同接触系数对筒仓侧壁压力计算结果的影响。

图 5-4 筒仓模型及原始颗粒集合

表 5-2 筒仓侧壁压力计算工况

编号	颗粒粒径/mm	颗粒数量	接触模型参数
Linear-original	5	128336	$kn=5\times10^8$
Linear-CG-1	10	16040	$kn=10\times10^8$
Linear-CG-2	15	4753	$kn=15\times10^8$
Linear-NCG-1	10	16040	$kn=5\times10^8$
Linear-NCG-2	15	4753	$kn=5\times10^8$

续表

编号	颗粒粒径/mm	颗粒数量	接触模型参数
Hertz-original	5	128336	$E=1\times10^9$
Hertz-CG-1	10	16040	$E=1\times10^9$
Hertz-CG-2	15	4753	$E=1\times10^9$

注：1. CG是指接触模型细观参数按照本节提出的粗粒化方法进行取值，NCG是指接触模型细观参数不做任何比例的缩放，与原始系统保持一致。

2. 不同计算工况下其他无量纲细观参数取值相同，$kn/ks=2$，摩擦系数为0.2，阻尼系数为0.7，泊松比为0.3。

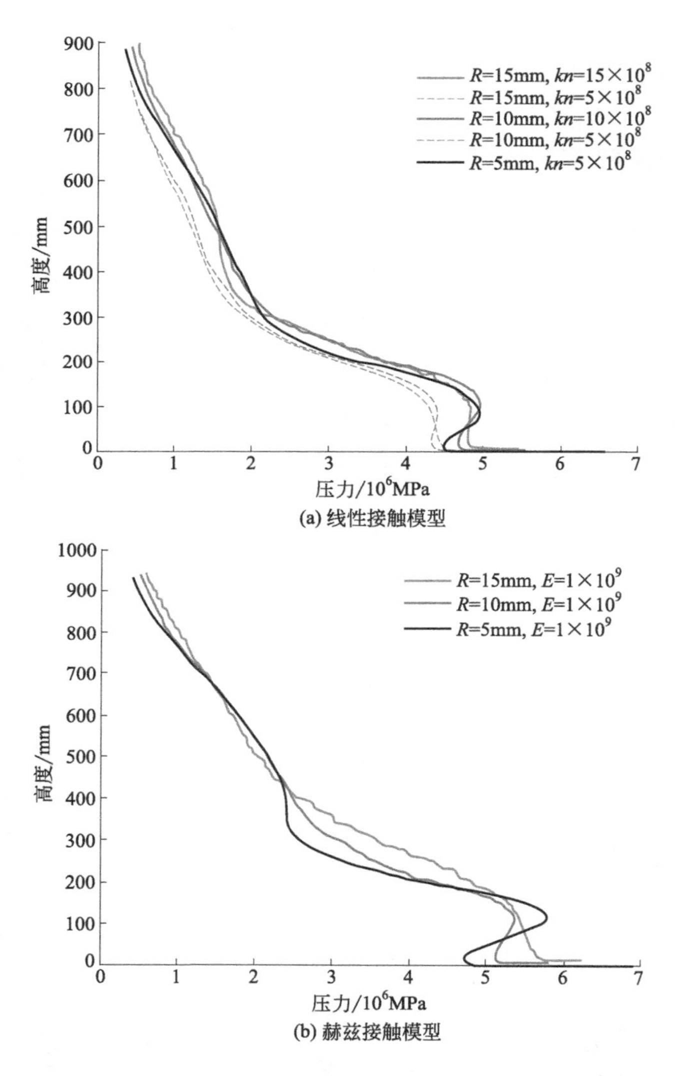

(a) 线性接触模型

(b) 赫兹接触模型

图5-5 不同计算工况下的筒仓侧壁压力

线性接触模型对应的计算结果如图 5-5（a）所示（彩图见书后），当刚度系数随着粒径变化放大相同的倍数时，筒仓侧壁压力的计算结果与原始系统的计算结果差距较小，当接触刚度系数保持不变时，粗粒化系统的计算结果无法反映原始系统的力学性质，说明精确缩尺系统推导得到的线性接触模型参数转换关系适用于粗粒化系统的离散元计算。对于赫兹接触模型，由于其具有尺度不变性，在不同尺度粗粒化系统的计算当中可以选取和原始系统相同的接触模型参数，最终得到的计算结果误差较小，见图 5-5（b）。

5.4.2 休止角计算

为了验证粗粒化模型中细观层面的颗粒间接触力应该满足 h^2 的缩放关系，采用粗粒化方法计算不同颗粒尺度对应的考虑黏聚力的颗粒材料休止角，黏聚力的计算公式[23] 如下：

$$F_a = F_0\left(1-\frac{\delta}{D_0}\right) \tag{5.18}$$

式中 F_0——最大引力；

D_0——引力范围；

δ——两颗粒的重叠距离。

首先在圆筒内生成颗粒试样，将圆筒缓慢提升，颗粒在重力作用下自由滑落，形成稳定结构用以计算颗粒材料的休止角。将原始系统中的颗粒粒径分别放大 2 倍、3 倍，将黏聚力按照 h、h^2 以及 h^3 的缩放系数进行放大，具体工况列于表 5-3 中，将计算得到的最终休止角与原始颗粒系统的休止角进行对比，如图 5-6 所示（彩图见书后）。图 5-6（a）为当粒径的缩放系数 $h_d=2$ 时，三种黏聚力缩放系数 h_f 对应的计算结果，可以看出，在粗粒化系统的缩放比例不大时，黏聚力采用平方关系或者立方关系进行缩放，都能得到与原始系统相近的结果。当粒径进一步扩大，$h_d=3$ 时的计算结果如图 5-6（b）所示，此时就可以看出，当黏聚力按照精确缩尺模型提出的相似定律扩大 h^2 倍时，最终得到的休止角与原始系统差距最小。将不同工况对应的计算时间同样列于表 5-3 中，可以看出，粗粒化系统的计算时间近似等于原始系统计算时间的 $1/h^4$，证明了 5.3 部分中对粗粒化系统计算效率提高的结论。

表 5-3 休止角计算工况

编号	颗粒粒径/mm	颗粒数量	接触模型参数	计算时间/h
original	1	102056	$F_0=6.2\times10^{-5}$	20.95
L2-F2	2	12605	$F_0=6.2\times10^{-5}$	1.28
L2-F4			$F_0=1.2\times10^{-4}$	1.28
L2-F8			$F_0=2.5\times10^{-4}$	1.29
L3-F3	3	3637	$F_0=1.9\times10^{-4}$	0.24
L3-F9			$F_0=5.6\times10^{-4}$	0.24
L3-F27			$F_0=16.7\times10^{-4}$	0.25

注：1. 不同工况命名方式为 Lx-Fy，其中 x 代表长度的放大系数 h_d，y 代表 F_0 的放大系数 h_f。
2. 不同计算工况下其他无量纲细观参数取值相同，$kn/ks=2$，摩擦系数为 0.1，阻尼系数为 0.7。

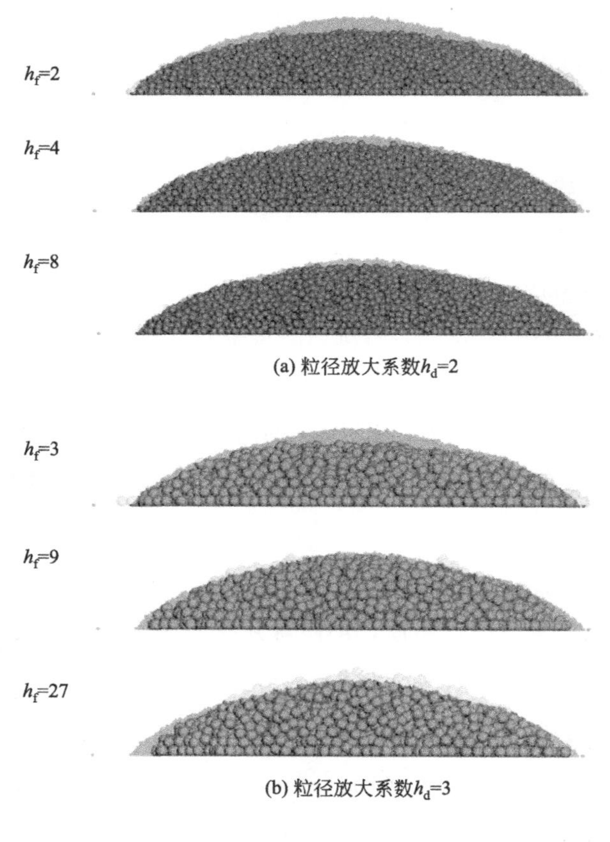

(a) 粒径放大系数h_d=2

(b) 粒径放大系数h_d=3

图 5-6 不同计算工况下的休止角

参考文献

[1] Cundall P.，Strack O. A discrete numerical for granular assemblies [J]. Geotechnique，1979，29 (1)：47-65.

[2] 季顺迎．计算颗粒力学及工程应用 [M]．北京：科学出版社，2018.

[3] Damjanac B，Cundall P. Application of distinct element methods to simulation of hydraulic fracturing in naturally fractured reservoirs [J]. Computers and Geotechnics，2016，71：283-294.

[4] Weng MC，Chen TC，Tsai SJ. Modeling scale effects on consequent slope deformation by centrifuge model tests and the discrete element method [J]. Landslides，2017，14 (3)：981-993.

[5] Boehling P，Toschkoff G，Knop K，Kleinebudde P，Just S，Funke A，Rehbaum H，Khinast JG. Analysis of large-scale tablet coating：Modeling，simulation and experiments [J]. European Journal of Pharmaceutical Sciences，2016，90：14-24.

[6] Radeke CA，Glasser BJ，Khinast JG. Large-scale powder mixer simulations using massively parallel GPU architectures [J]. Chemical Engineering Science，2010，65 (24)：6435-6442.

[7] Gan JQ，Zhou ZY，Yu AB. A GPU-based DEM approach for modelling of particulate systems [J]. Powder Technology，2016，301：1172-1182.

[8] Govender N，Wilke DN，Kok S. Blaze-DEMGPU：Modular high performance DEM framework for the GPU architecture [J]. SoftwareX，2016，5：62-66.

[9] Tsuji T，Yabumoto K，Tanaka T. Spontaneous structures in three-dimensional bubbling gas-fluidized bed by parallel DEM-CFD coupling simulation [J]. Powder Technology，2008，132-140.

[10] Fang L，Zhang R，Vanden Heuvel C，Serban R，Negrut D. Chrono：GPU：An open-source simulation package for granular dynamics using the discrete element method [J]. Processes，2021，9 (10)：1813.

[11] Sakai M，Koshizuka S. Large-scale discrete element modeling in pneumatic conveying [J]. Chemical Engineering Science，2009，64 (3)：533-539.

[12] Sakai M，Abe M，Shigeto Y，Mizutani S，Takahashi H，Viré A，Percival JR，Xiang J，Pain CC. Verification and validation of a coarse grain model of the DEM in a bubbling fluidized bed [J]. Chemical Engineering Journal，2014，244：33-43.

[13] Sakai M. How should the discrete element method be applied in industrial systems? A review [J]. KONA Powder and Particle Journal，2016，33：169-178.

[14] Nakamura H，Takimoto H，Kishida N，Ohsaki S，Watano S. Coarse-grained discrete element method for granular shear flow [J]. Chemical Engineering Journal Advances，2020，4：100050.

[15] Kishida N，Nakamura H，Takimoto H，Ohsaki S，Watano S. Coarse-grained discrete element simulation of particle flow and mixing in a vertical high-shear mixer [J]. Powder Technology，2021，390：1-10.

[16] Saruwatari M，Nakamura H. Coarse-grained discrete element method of particle behavior and heat trans-

fer in a rotary kiln [J]. Chemical Engineering Journal, 2022, 428: 130969.

[17] Kuwagi K, Mokhtar MA, Okada H, Hirano H, Takami T. Numerical experiment of thermoset particles in surface modification system with discrete element method (Quantization of cohesive force between particles by agglomerates analysis) [J]. Numerical Heat Transfer, Part A: Applications, 2009, 56 (8): 647-664.

[18] Mokhtar MA, Kuwagi K, Takami T, Hirano H, Horio M. Validation of the similar particle assembly (SPA) model for the fluidization of Geldart's group A and D particles [J]. AIChE journal, 2012, 58 (1): 87-98.

[19] Sakano M. Numerical simulation of two-dimensional fluidized bed using discrete element method with imaginary sphere model [J]. Japanese J. Multiphase Flow, 2000, 14: 66-73.

[20] Sakai M, Koshizuka S, Takeda H. Development of advanced representative particle model application of DEM simulation to large-scale powder systems [J]. Journal of the Society of Powder Technology, 2006, 43 (1): 4-12.

[21] Feng YT, Han K, Owen DR, Loughran J. On upscaling of discrete element models: Similarity principles [J]. Engineering Computations, 2009, 26 (6): 599-609.

[22] Feng YT, Owen DR. Discrete element modelling of large scale particle systems—I: Exact scaling laws [J]. Computational Particle Mechanics, 2014, (2): 159-168.

[23] Gilabert FA, Roux JN, Castellanos A. Computer simulation of model cohesive powders: Influence of assembling procedure and contact laws on low consolidation states [J]. Physical Review E, 2007 10; 75 (1): 011303.

[24] Chang CS, Kuhn MR. On virtual work and stress in granular media [J]. International Journal of Solids and Structures, 2005, 42 (13): 3773-3793.

第6章

总结与展望

6.1 总结

本书针对现有离散元法在模拟颗粒材料力学行为方面存在的不足，从三个不同的层面对其进行了改进。在颗粒层面，通过引入考虑随机表面粗糙度的GW模型，建立了定量考虑颗粒表面不规则形状的随机接触模型；在颗粒集合层面，基于主成分分析方法，提出了一种新的颗粒集合特性表征方法，该方法颗粒定量评价和比较颗粒集合的细观结构；在颗粒系统大规模计算层面，采用多尺度的描述方法得到了粗粒化系统与原始系统之间宏观和细观两种不同尺度的缩放关系，即双尺度粗粒化模型。

在定量考虑颗粒表面粗糙度的接触模型方面完成的主要工作包括：在GW模型的基础上，开发了法向接触模型；提出了接触模型的两种无量纲形式，可以极大提高计算效率；提出了数值模型的Newton-Raphson迭代解法；对经典GW模型进行了扩展，推导出了在极限光滑情况下模型的局限性；提出了适用于离散元模拟的改进弹性E-GW模型；通过进行单轴和三轴压缩试验，研究了表面粗糙度对颗粒系统宏观行为的影响；提出了改进的弹塑性EP-GW模型，改进的切向接触模型。

在颗粒集合特性的表征方法方面完成的主要工作包括：建立了二维和三维情况下颗粒集合和对应数值图像矩阵的转化方法；分析了特殊颗粒集合的主方差及主模态特征；对采用不同特征参数生成的颗粒集合采用主成分分析方法进行研究，探究了数值矩阵主方差与颗粒集合特征量之间的关系；通过数值图像矩阵的主方差和不相似系数揭示了不同颗粒集合之间的差异；定量研究了颗粒集合排布随机性、堆积密度、粒径分布、均匀性及各向异性对评价指标的影响。

在大规模问题的多尺度模拟方面完成的主要工作包括：采用量纲分析的方法，得到了颗粒系统各物理量在原始系统及精确缩尺系统之间的缩放关系，为离散元接触模型中接触参数的处理提供了理论依据；采用多尺度描述方法，建立了粗粒化系统与原始系统的代表性单元（RVE），根据不同系统RVE单元之间质量守恒、动量守恒以及能量守恒关系，得到粗粒化系统与原始系统之间宏观和细观两种不同尺度的缩放关系。

6.2 展望

本书的工作在一定程度上改进了现有的离散元方法，但还需要在以下几个方面进行进一步的研究。

（1）改进的粗糙颗粒切向和抗转动模型

由于经典的GW模型只考虑粗糙面法向的随机高度分布，本书提出的扩展接触模型主要关注法向接触力，本书中关于切向模型的改进工作是初步的。为了建立更完整、更可靠的考虑表面粗糙度的切向接触模型和抗转动模型还需要进行更加深入的研究，关键问题在于除了随机高度以外引入其他适合的粗糙表面随机因素。

（2）全面的随机离散元方法

对于颗粒材料这种高度复杂的系统而言，随机性是不可避免的现象。本书的工作只考虑了表面粗糙度的随机性，对于颗粒系统来说，真正具有的随机性远超于此。因此需要结合随机力学理论，在离散元方法中引入更多随机因素，发展真正意义上的随机离散元方法，将有助于我们更好地理解颗粒系统的真实性能。

（3）主成分分析方法的物理内涵

目前提出的主成分分析方法更多从数学层面反映颗粒集合的特性，对背后物理机制的研究不够深入，对于主方差与特定物理性质之间的关系尚缺乏明确的认识。研究的最终目的是采用该评价方法提高我们对颗粒材料独特特性的认识，如剪胀、液化、相变、临界状态、剪切带和堵塞过程等，因此还需要开展更多的工作去揭示主成分分析方法的物理基础。

（4）不同尺度问题的计算误差

采用本书介绍的缩放关系，可以为工程尺度大规模离散元计算提供有效的解决方法，但目前还没有理论化的方法可以预测粗粒化系统与原始系统之间的计算误差，需要在今后的工作中展开进一步的研究。此外，在今后的工作中，还需要对转动相关物理量的缩放定律进行更深入的研究。

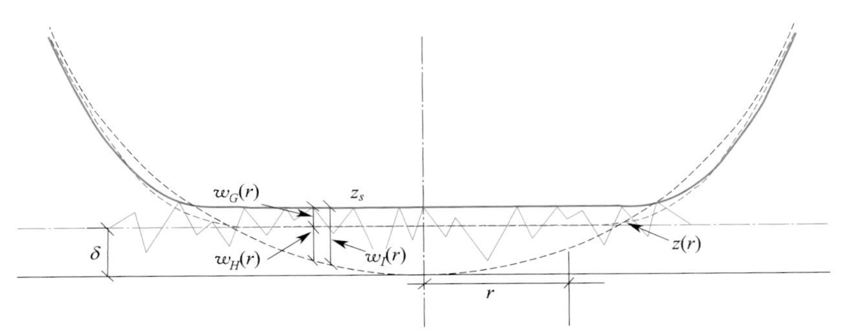

图 3-7　光滑球体与粗糙表面的接触

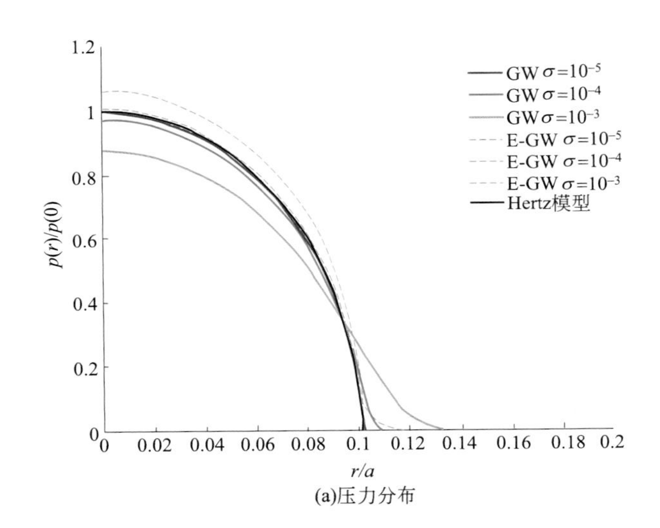

(a)压力分布

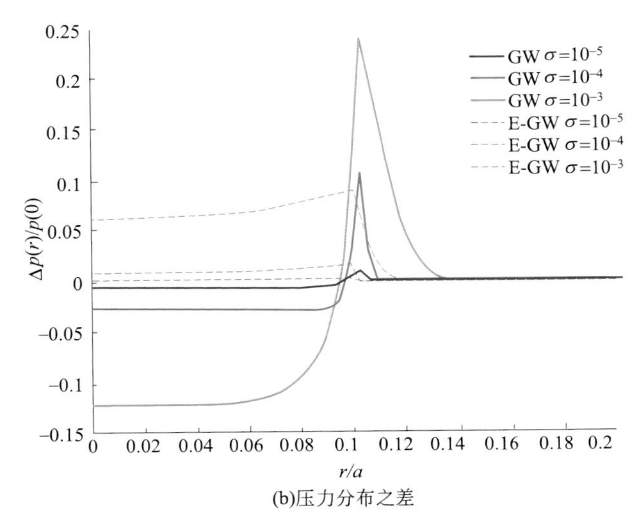

(b)压力分布之差

图 3-9　接触压力分布的比较

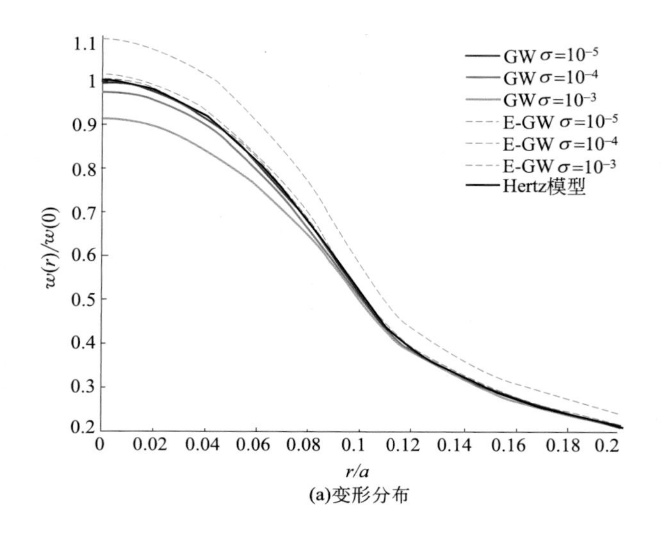

(a)变形分布

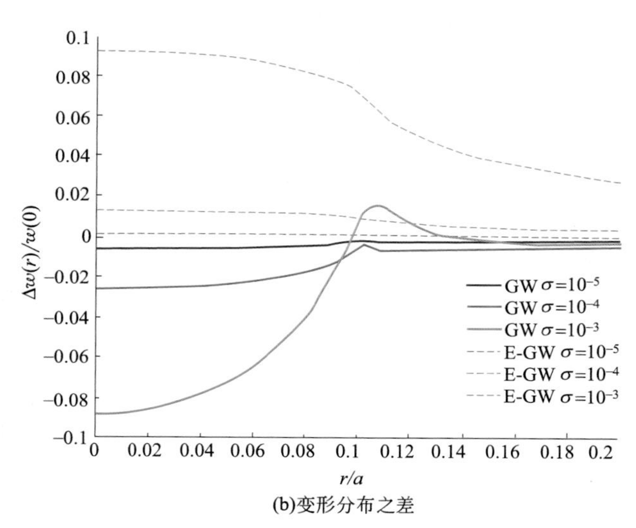

(b)变形分布之差

图 3-10 接触变形分布的比较

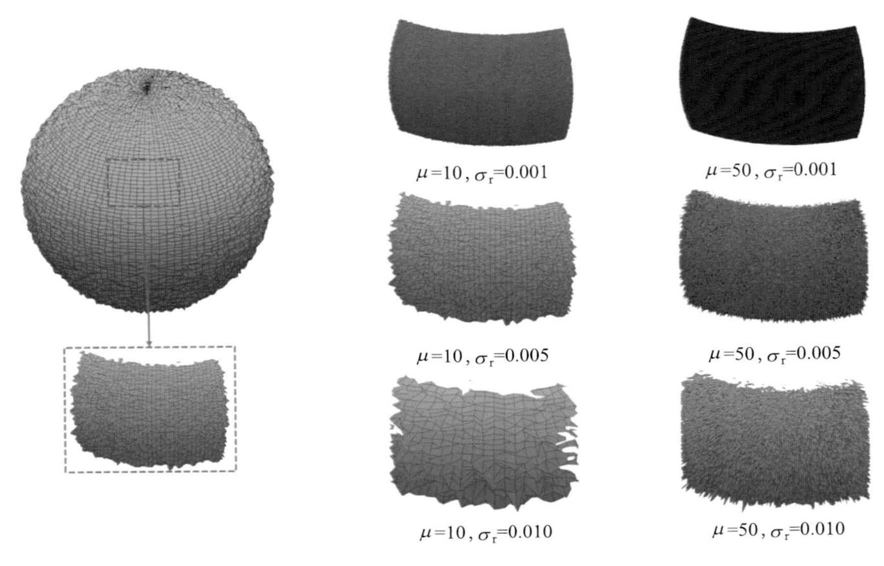

图 3-15　不同粗糙度系数对应的球体粗糙表面形状

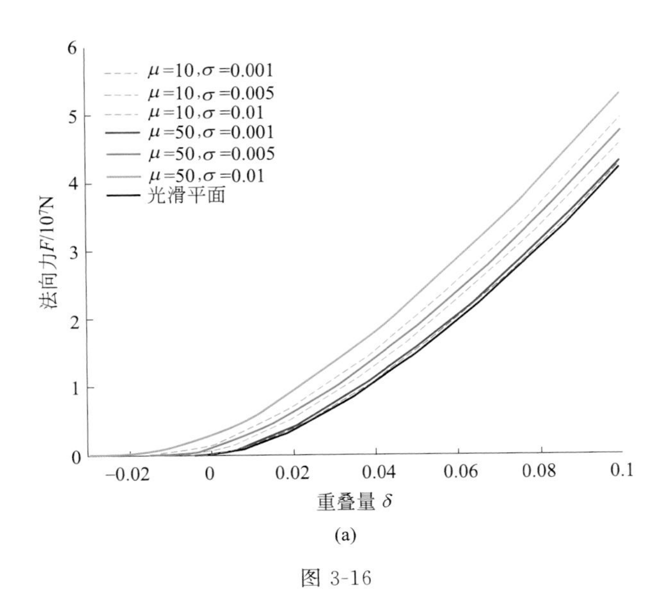

(a)

图 3-16

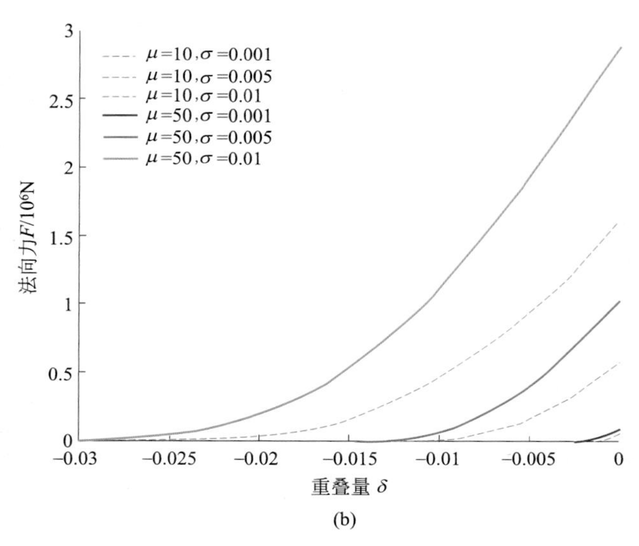

(b)

图 3-16　不同表面粗糙度系数对应的法向接触定律

(a)μ=10，σ_r=0.001

(b)μ=10，σ_r=0.005

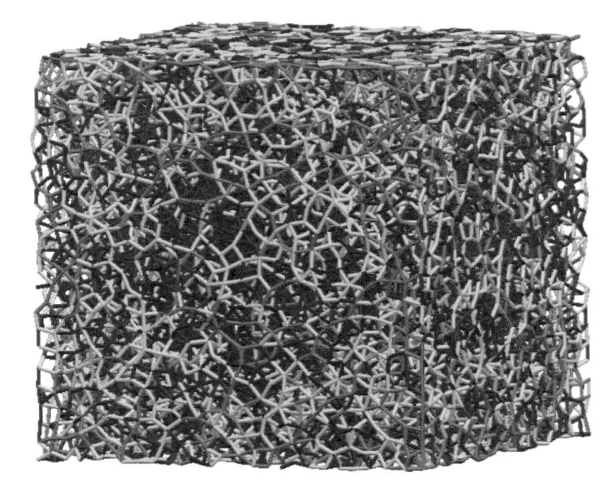

(c)μ=10，σ_r=0.01

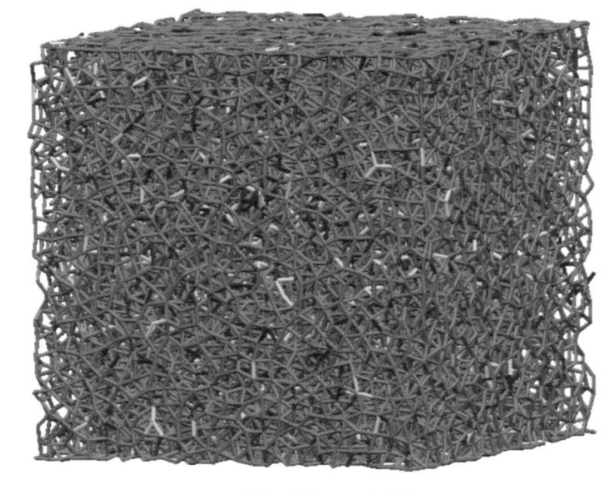

(d)μ=50，σ_r=0.001

图 3-19

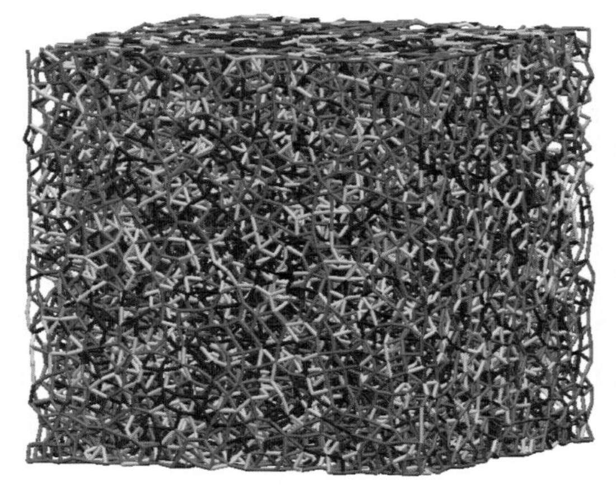

(e)μ=50，σ_r=0.005

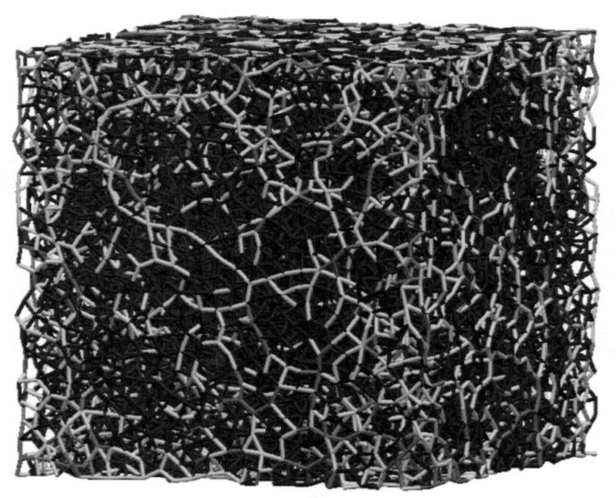

(f)μ=50，σ_r=0.01

图 3-19　不同粗糙度系数对应的初始颗粒集合的法向接触力链分布

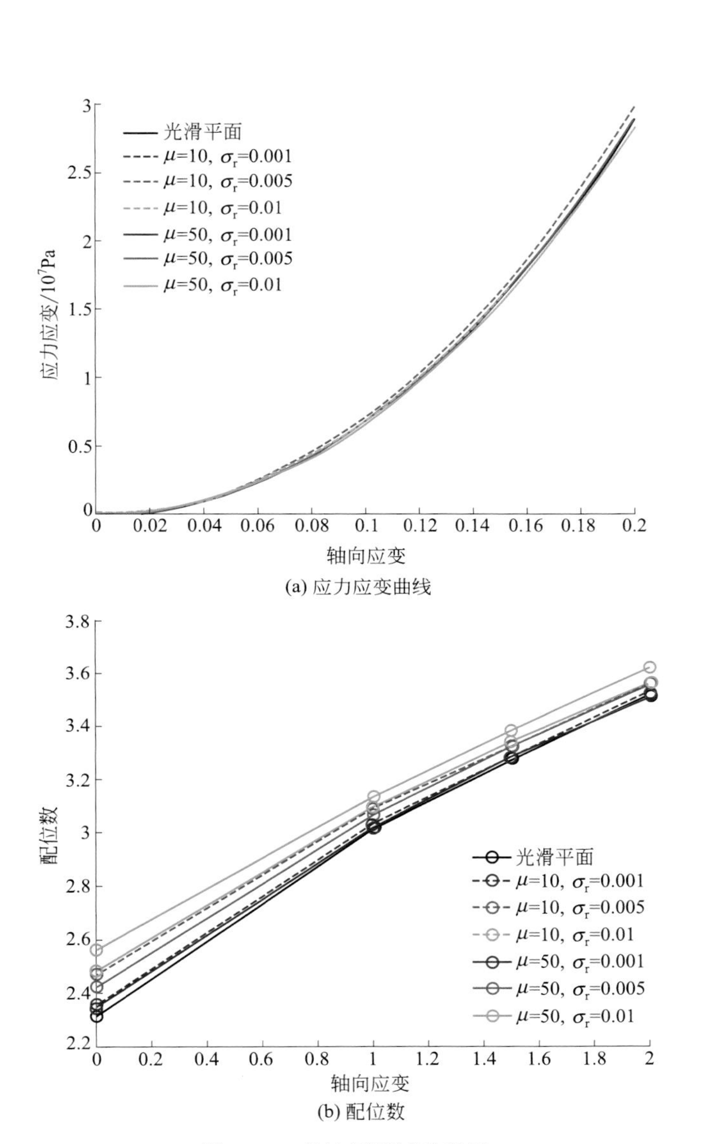

图 3-21　单轴压缩试验结果

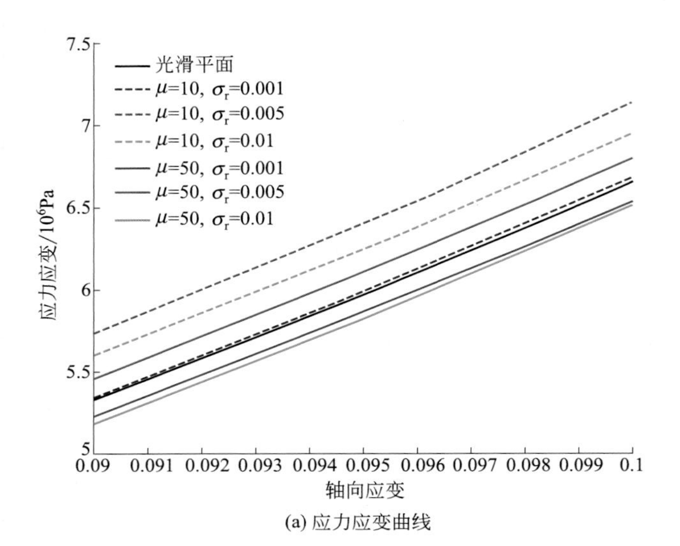

(a) 应力应变曲线

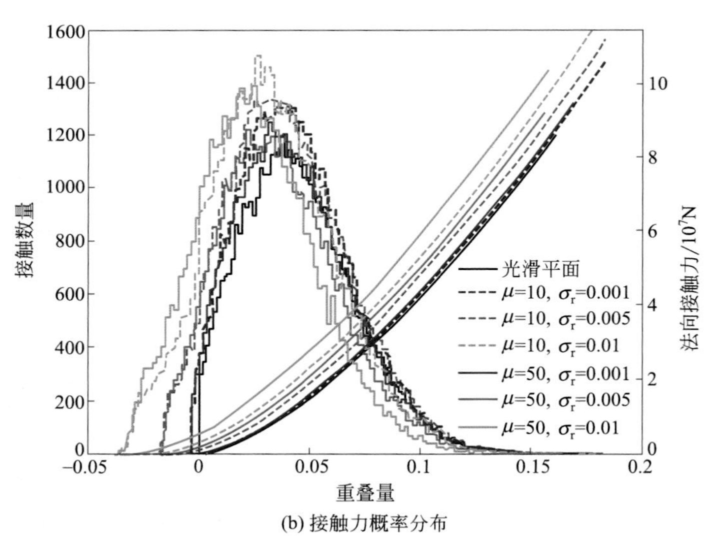

(b) 接触力概率分布

图 3-22　轴向应变在 0.09～0.1 范围内的应力应变曲线及对应法向接触分布

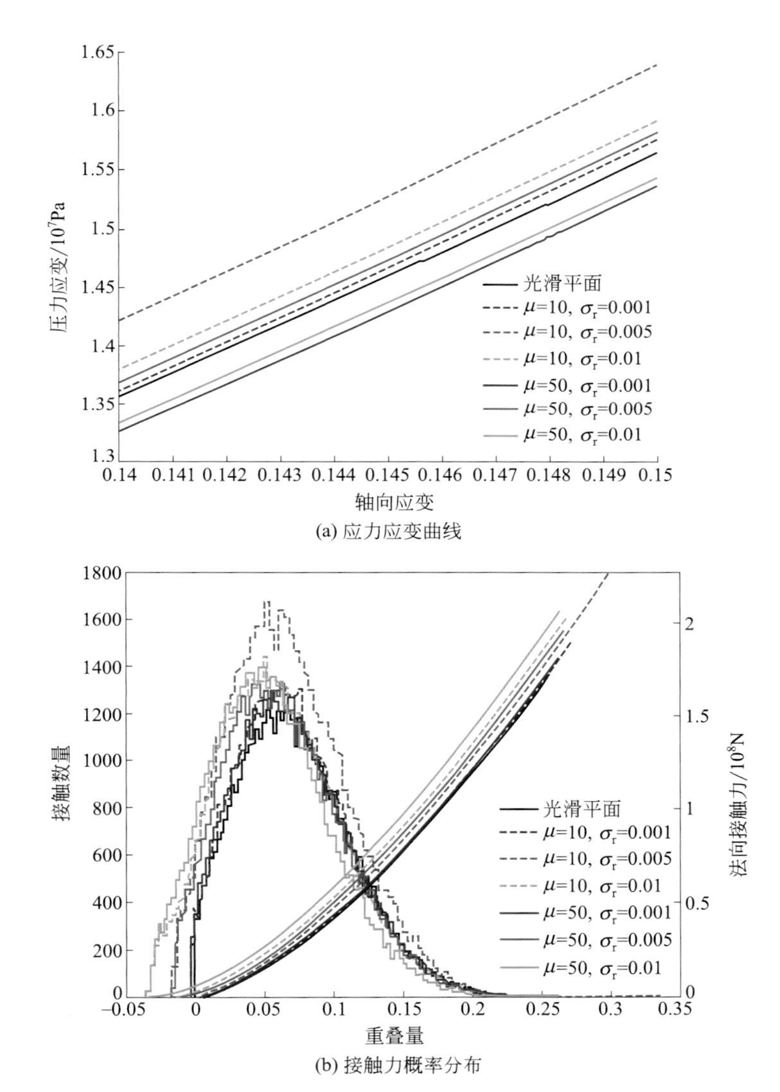

图 3-23 轴向应变为 0.14～0.15 时的应力应变曲线及对应法向接触分布

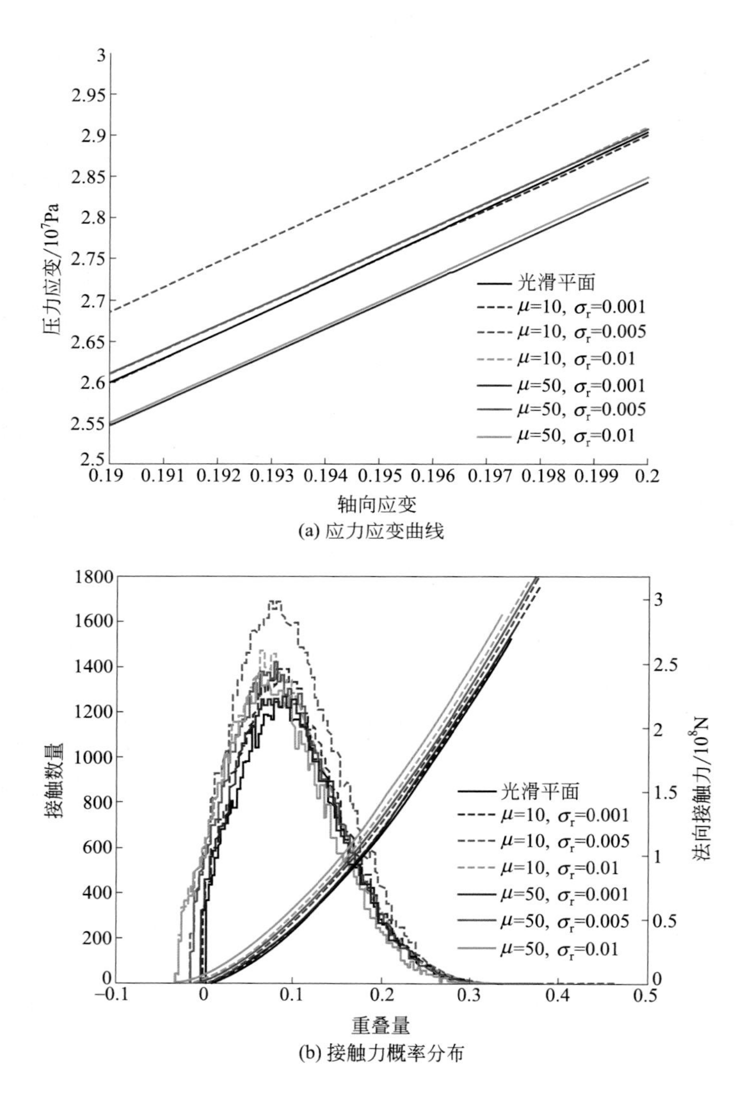

(a) 应力应变曲线

(b) 接触力概率分布

图 3-24 轴向应变为 0.2 时的应力应变曲线及对应法向接触分布

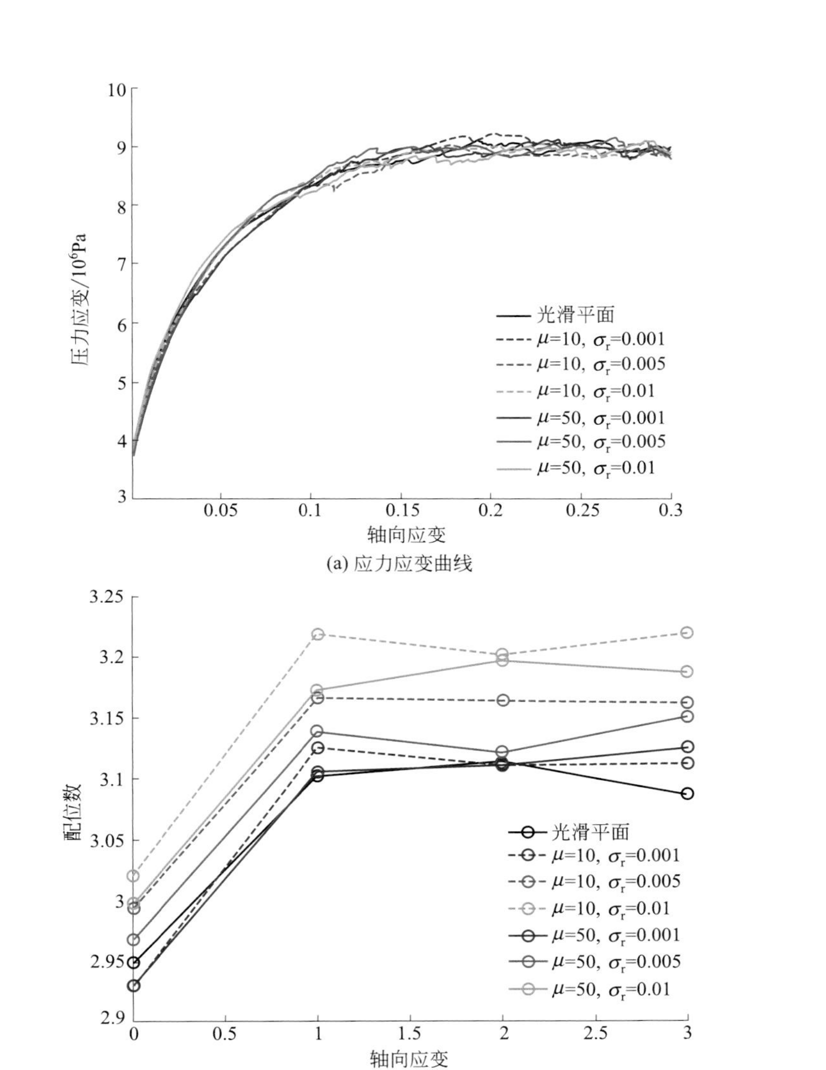

(a) 应力应变曲线

(b) 配位数

图 3-26　三轴压缩试验结果

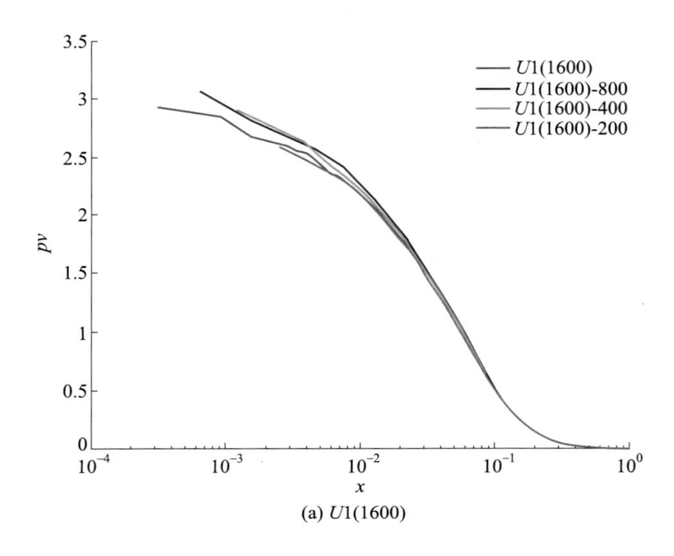

(a) $U1(1600)$

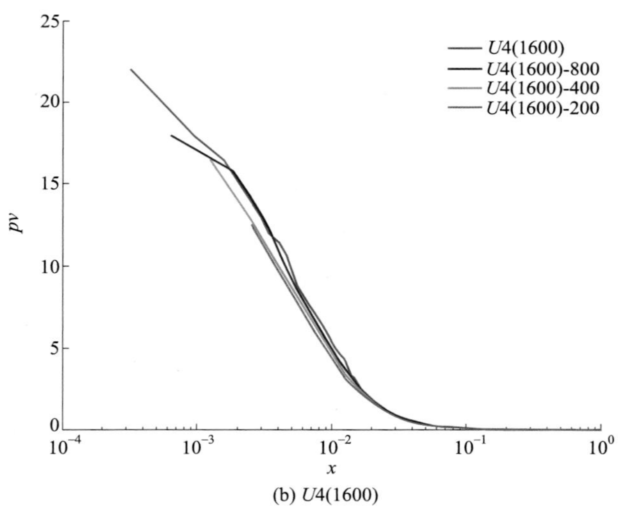

(b) $U4(1600)$

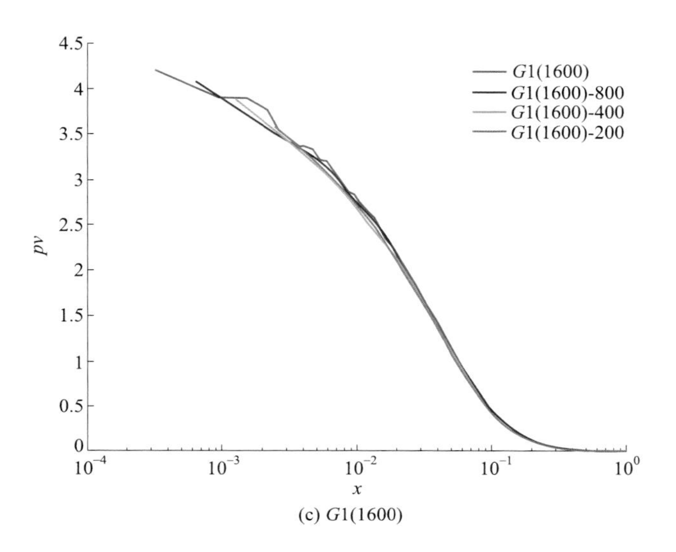

(c) $G1(1600)$

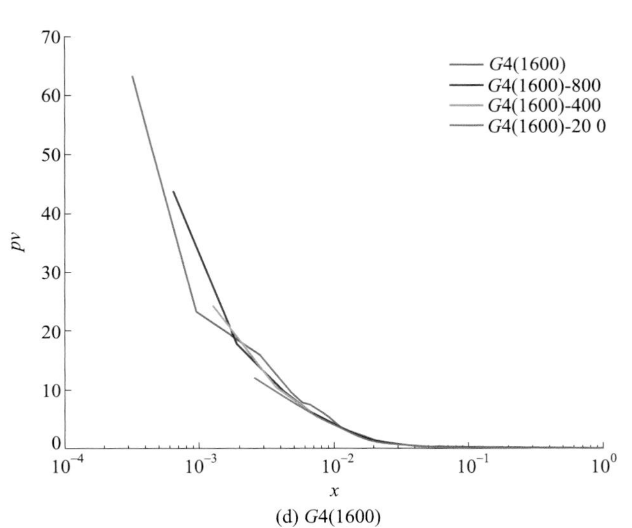

(d) $G4(1600)$

图 4-11　不同尺寸子矩阵对应的主方差函数

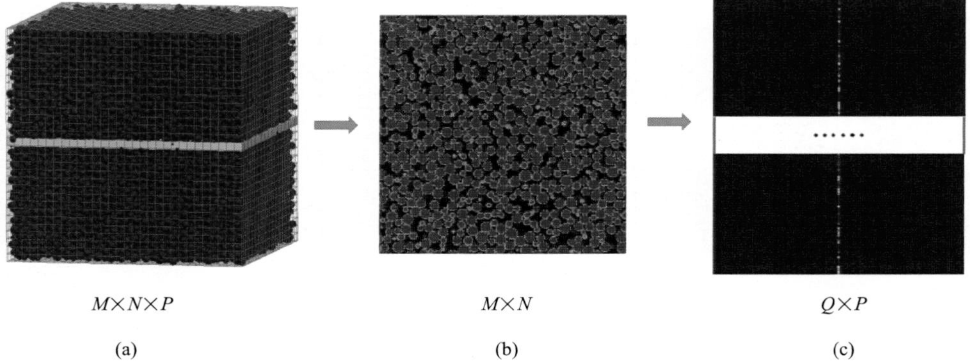

图 4-16　三维随机颗粒集合及数值化矩阵(彩图见书后)

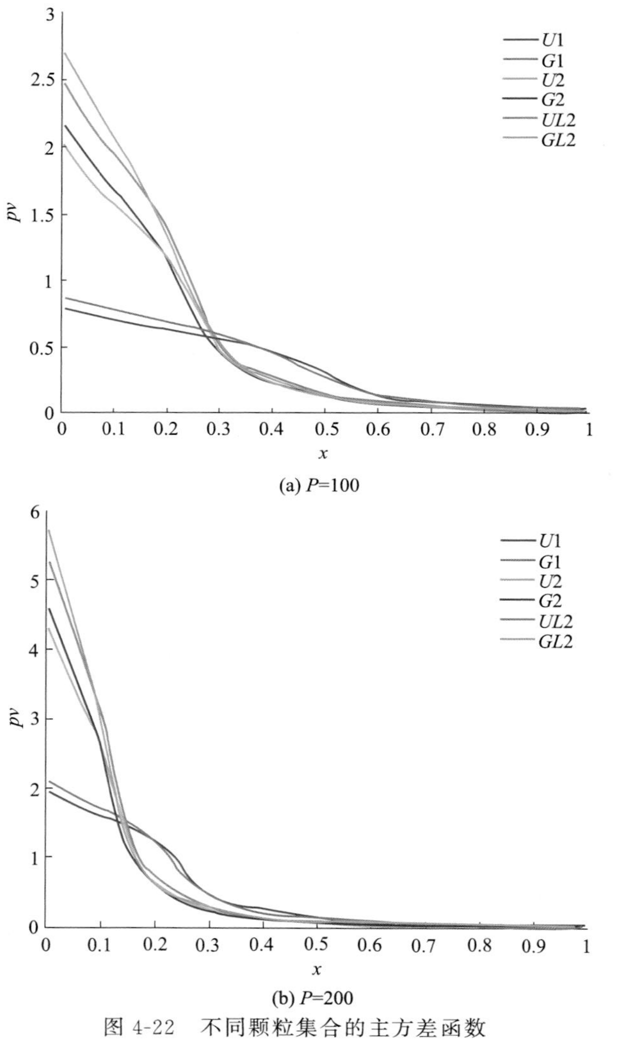

(a) P=100

(b) P=200

图 4-22　不同颗粒集合的主方差函数

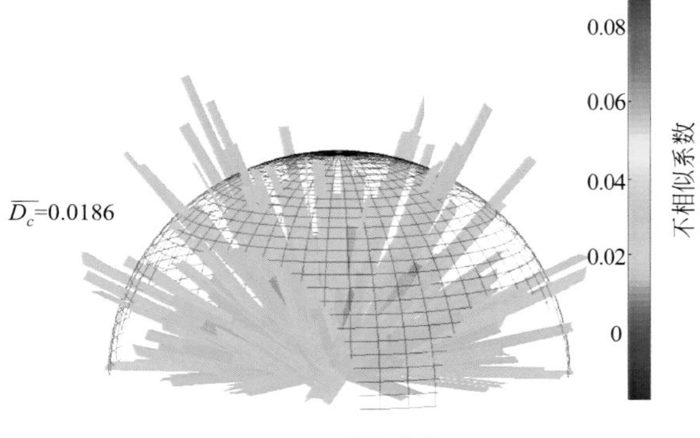

(a) 均匀分布

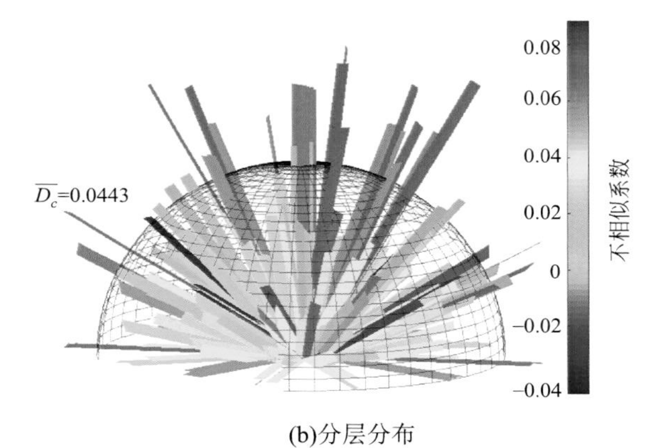

(b)分层分布

图 4-27　各向异性分析的不相似系数

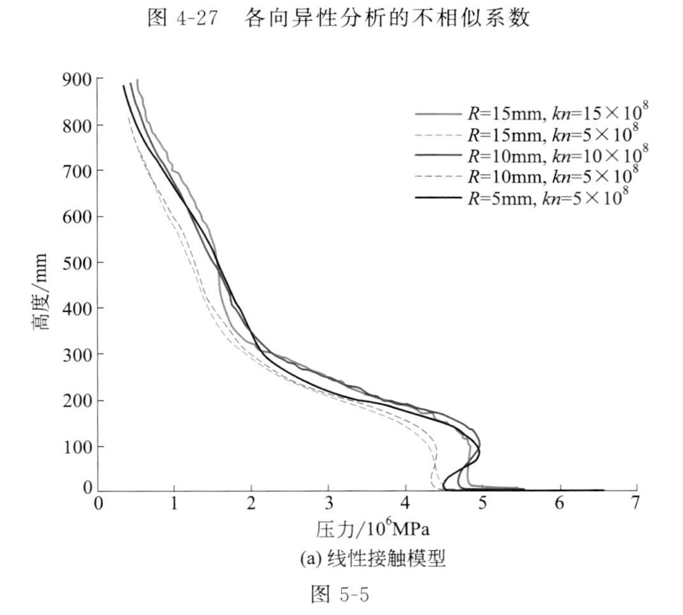

(a) 线性接触模型

图 5-5

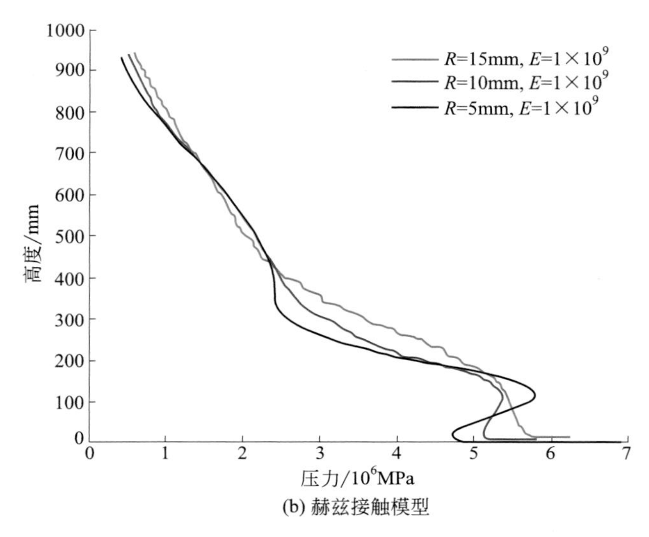

(b) 赫兹接触模型

图 5-5　不同计算工况下的筒仓侧壁压力

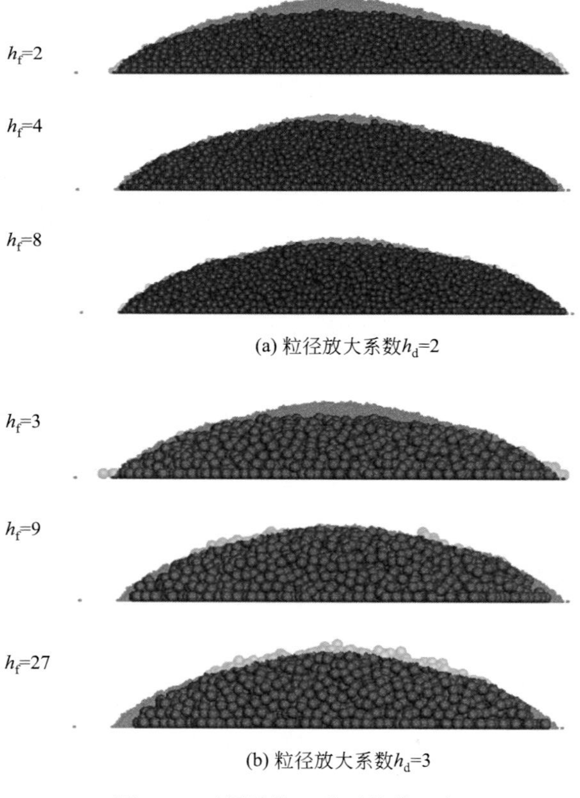

(a) 粒径放大系数h_d=2

(b) 粒径放大系数h_d=3

图 5-6　不同计算工况下的休止角